JN105930

動物共生科学への招待

ヒトと動物と環境の未来をつくる

麻布大学 ヒトと動物の共生科学センター 編

大学教育出版

動物共生科学への招待
～ヒトと動物と環境の未来をつくる～

プロローグ
マンガ

あざブーといっしょに
研究をのぞいてみよう!!

※麻布大学の私立大学研究ブランディング事業のシンボルロゴ
獣医／人、動物／犬、健康／若葉、食物／魚、環境／森林の5つの視点を通した地球共生をイメージしています。

ぼく、あざブー!!
よろしくね!!
いっしょに研究を
みていこう!!
麻

すごい!! 豚さんなのに二足歩行なんだね
どんな味するの!?
ロースはどこ!!?　私の家おいでよ!!
ブヒッ!!

よろしくね!!
きみは豚なの？
しゃべる豚・・・
豚だよ!!

じゃあ、あざブー
いろいろ教えて!!
謎の展開強引だね
うん!!

だめだってば
カンベン
して～!
今日ウチの
夕飯トンカツの
予定なの・・・

この本は
「動物共生科学」
について
紹介していくよ!

そのテーマに
取り組む
麻布大学の研究
プロジェクトが・・・

動物共生科学の創生による、ヒト健康社会の実現
〈地球共生系「One Health」〉

（文部科学省私立大学研究ブランディング事業）

たくさんの応募があって
きびしい審査のなか
2016年度に選定されたんだ

3つの分野にぜんぶで
15のプロジェクトがあるんだけど・・・

15のプロジェクト

1 ヒトとイヌの認知的インタラクションの行動遺伝学的解明と、インタラクションがもたらす共生QOLの評価
2 野生動物（シカ）の資源化・有効活用による共生システム構築のための微生物研究
3 ペットフレンドリーなコミュニティの条件ーアメリカ・相模原におけるコミュニティ疫学調査の実施と「ミニ・パブリック」を対象とした「討論型世論調査」(Deliberative Poll DP) の実施
4 動物共生科学の科学的コミュニケーション構築とその発信に関する研究
5 ヒト-動物の共生による発がん性感受性の変化の解析:より健康な環境づくりに向けて
6 Chemical geneticsによるウイルス感染症の病態原因遺伝子の同定
7 比較病理学に基づくヒトのAAアミロイド症の原因遺伝子の同定
8 生殖サイクルをつかさどるヒト動物共進化メカニズムの解明
9 ヒトとイヌの癌幹細胞に発現する共通遺伝子の解析
10 イヌ腫瘍リポジトリの構築と遺伝子シグネチャー解析による転移・浸潤ドライバー遺伝子の探索
11 エネルギー浪費タンパク質Ucp1の遺伝子を軸とした動物の生産性向上と保健
12 動物系統進化を考慮した各種疾患の比較解析に基づく病理発生の解明ー病の起源を探るー
13 細菌叢クロストークに着目したイヌとの共生によるヒト健康促進機序の解明
14 イヌの細菌叢からのアレルギー抑制細菌の探索
15 ペット飼育下の室内カビ叢がヒト免疫系に及ぼす影響に関する基礎的研究

※本書作成時点までの情報です。

わぁぁー!!
一例だけど
解説するとね

ヒトと動物における
認知的
インタラクション解析
ヒトと動物との
共進化遺伝子の
同定
ヒトと動物との
微生物
クロストーク
シカふえすぎ
猟師不足
シカの資源化・有効活用
高機能ペットフード
よい関係
ヒトとイヌのDNA似ている部分が多い？
病気の原因の解明・治療法の模索
新薬
ヒトの治療に応用
菌
カビ
微生物との交流がおこる
そこにメリットが？
遺伝子、細菌、ペットとの
コミュニケーション・・・
なんだか分野が
幅広いね
ああ、これなら
わかるかも！
そうだね大きな
研究プロジェクト
なんだ

大規模で幅広い研究プロジェクトが
実現したのは獣医学部と
生命・環境科学部がある麻布大学が
全学的に取り組んだから
なんだよ
遺伝子
コミュニケーション
微生物
外科
地域社会
ほかいろいろ

わたしは犬を飼ってるからペット関係が気になるかな
遺伝子とか微生物って何かとよく耳にするよね

ちょっと難しそうだけどいろいろ気になる!!
あざブー教えてよろしくね!

じゃあさっそくひとつずつ順番に紹介していくね!
麻

本書で紹介するプロジェクト（もくじ）

第Ⅰ部　ヒトと動物における認知的インタラクション解析

第Ⅱ部　ヒトと動物との共進化遺伝子の同定

第Ⅲ部　ヒトと動物との微生物クロストーク

第Ⅰ部
ヒトと動物における認知的インタラクション解析

ヒトと動物はなぜ共生できるのか。ヒトと動物との共生を可能にする、動物のもつ優れた認知的なやりとり（インタラクション）のしくみの解明に取り組んでいます。さらに、ヒトと動物の共生のための社会的な課題にも取り組んでいます。

1 ヒトとイヌの認知的インタラクションの行動遺伝学的解明と、インタラクションがもたらす共生QOLの評価

共生でうまれたヒトとイヌの特別な関係とは？
ヒトとイヌの相互作用のメカニズムを解明したい

研究プロジェクト代表者：菊水 健史
（獣医学部 動物応用科学科 介在動物学研究室 教授）

イヌはヒトにとって特別な動物

あなたはイヌを飼ったことがありますか？　イヌは、ペットとしても人気が高く、私たちヒトの日常生活に、深く入り込んでいます。なぜ、犬はペットとして、こんなに人気があるのでしょうか。改めて考えてみると、イヌはとても不思議な動物です。イヌは、他のヒトと飼い主とはっきり区別し、飼い主を特別視します。そして、飼い主を慕い、忠誠心を示し、飼い主との特別な関係を築いていきます。世界にはさまざまな動物がいて、ペットの種類も多いのですが、イヌほどヒトに近く、あうんの呼吸で共に生活している動物は、他にはいないでしょう（ネコもイヌに負けず劣らず人気のあるペットですが、イヌとヒトとの関係性とはずいぶん異なっているように見えます）。

このようにイヌは私たちの身近にいて、よくわかりそうなのに、よくわかっていないところもあります。まず、ヒトとはそもそも、生物としての種が違います。言葉も通じません。でも、なぜか、心が通じる気がします。では、これは「気がする」だけなのでしょうか。あるいは「本当に通じている」のでしょうか。

この謎を解くために、世界の研究者がたくさんのテストを実施しました。これによって、ヒトとイヌとの関係性が、少しずつ明らかになりつつありますが、まだまだこれからの研究をまたねばなりません。それでも、イヌはとても心が豊かで、ヒトとつながることができることが、わかってきました。たとえば、東日本大震災で飼育困難となって、飼い主から引き離されたイヌたちは、長期に渡るストレス状態にあることがわかりました。飼い主との突然の別れが、そのストレスの原因となったのかもしれないのです。『怒りの葡萄』の作家であり、ノーベル文学賞を受賞したジョン・スタインベックも、愛犬のチャーリーが、飼い主の出張の際には嫌がってヒステリックに暴れると、その旅行記『チャーリーとの旅』に書き残しています。

このように、イヌのヒトとの関係は、特別なのです。たとえば、イヌと共通の祖先種をもつオオカミには、ヒトからの視線や指差しによるシグナルを読み取る能力は、ほとんどないことがわかっています。ヒトと近縁であるチンパンジーですら、このような能力を獲得するのは困難だとされています。

カギとなる物質、オキシトシン

飼い主と触れ合うとき、イヌは人の目を覗き込み、どこか子どもっぽい顔や仕草をして、「おやつをちょうだい」「遊ぼう」「なでて」といった気持ちを表しているように見えます。そして、多くの場合、飼い主はそれを受け入れたり、また、そのことに喜びを感じたりします。かくいう筆者も、その一人なのです。

このような時、ヒトとイヌとの間には、ヒトの親子の間にも似た、なんらかのシグナルのやり取りがあるのではないでしょうか。そう考えた時、生物学の分野から見て、カギとなりそうな物質があります。「オキシトシン」です。ヒトにとってオキシトシンは、母乳をつくったり、分娩を助けたりと、特にお母さんのために必要なホルモンです。脳の中でも働いて、母性を高める作用を持っています。でも、それだけではありません。相手と仲良くする、信頼関係をつくる、助けるなどの、ヒトどうしの親しみ深い関係をつくりあげる時にも、関わっているのです。

では、ヒトどうしではなく、相手がイヌではどうなのでしょうか。言い換えると、イヌとの触れ合いや、視線によるコミュニケーションは、はたして飼い主のオキシトシン分泌量を、上昇させるのでしょうか。私たちが実験したところ、ヒトとイヌが視線を介したコミュニケーションをすることによって、飼い主のオキシトシンが実際に上昇することが、初めて明らかになりました。しかも興味深いことに、イヌと共通の祖先種をもつオオカミとでは、そのような能力は確認されなかったのです。ヒトとイヌが、視線を介してコミュニケーションをじょうずに取ることで、「きずな」の形成に関わるホルモンであるオキシトシンが、分泌されるのです。おそらく、ヒトがするのと同じような、視線を用いたコミュニケーションの能力をもつことが、イヌが進化してくるうえで何らかの利益をもたらしたのだと思います。そうして、ヒトとイヌが共に進化してきたことで、両者は視線でつながり、心もつながったと考えられるのです。イヌの目をじっと見つめると、その目の奥につい吸い込まれる気分になりませんか。進化の過程で培われてきた心のつながりが、本当にあるのだろうと感じます。

ヒトとイヌの共生のはじまり

それでは、ヒトとイヌは、いつごろから、どのようにして、一緒に過ごすようになったのでしょうか。近年の考古遺伝学の発達によって、世界各地のオオカミやさまざまな犬種、さらには遺跡から発掘された骨から抽出したDNAを用いて、その進化プロセスを明らかにする研究成果が相次いでいます。それでも、イヌを決定づける遺伝子は、まだ見つかっていません。また、イヌの起源を明瞭に示した研究もありません。

おそらく、大雑把にいうと３万年から５万年前のユーラシア大陸のどこかで、イヌが誕生したようです。おそらくそのイヌは、獲物として狩られることや、ヒトからエサを奪うというようなことではなく、好奇心によって自分からヒトへ接近を試みたと思われます。またヒトも、その接近も受け入れたことにより、この異種である両者のかかわりが生まれてきた、と考えられています。このとき、けっしてイヌだけが、変化したわけではありません。イヌの接近を受け入れた、ヒトがいたはずだからです。そうでなければ、近づいたイヌを天敵の接近として認識し、捕獲する、あるいは追い払うなどの行動をとったはずです。

つまり、ヒトとイヌの出会いは、お互いが相手の存在を受け入れ、接近したことに始まっているのです。この接近によって、両者には、何らかの利益が生じたはずです。たとえば、イヌがヒト集団の周囲をうろつくことで、他の天敵からの接近を許さなかったのかもしれません。あるいは、イヌが狩りに行く際の、そのとぎ澄まされた嗅覚の導きを、ヒトが利用したのかもしれません。さらには、見つけた獲物を協力して倒し、よい部分はヒトがとって、イヌが残りをもらったのかもしれません。いずれにせよ、共生がスタートするには、両者に利益があったと想像すべきでしょう。

この両者の接近と共生の開始は、他の家畜とは一線を画すものです。家畜・ペットになった時期は、イヌが3-5万年前だとすれば、他の家畜は約1万年前に、ヒトが農耕をはじめ、定住し始めた時期に重なります。イヌ以外の家畜は、食べ物としての価値が重要視されたのです。家畜を表す英語が「Live Stock」であることからも、このことがわかります。

一方で、ヒトとイヌは、共生の過程において、お互いの利益をさらに高め合う関係へと発展してきました。ヒトの集落の周囲にいたイヌは、次第に、集落の中へと入ってきたのです。1万2千年くらい前には、イヌが家族や集団の一員となったといえるでしょう。なぜなら、ヒトと一緒にイヌが埋葬された跡も見つかっているからです。その時期には、まだ他の動物には、家畜化されたようすが見られません。

家畜に共通する変化「家畜化症候群」

では、この共生は、お互いの何を変化させたのでしょうか。「家畜化症候群」と呼ばれる形質が知られています。家畜化された動物に、共通して認められる変化のことです。具体的には、攻撃性や不安行動の低下、社会的寛容性の上昇、骨格の変化（多くの場合は丸みを帯びた頭蓋骨、尻尾がまるまる、耳が垂れるなど）、被毛の変化（多くの場合、白点が出る）、音声の複雑性、などです。もちろん、すべての家畜がこのような変化を遂げたわけではありません。ただ、共通する項目が、とても多いのです。これは、動物がヒトに飼育されるにつれて、ヒトから見てあると困る形質や、不要となった形質が、失われた結果です。

ここで、興味深いことがあります。攻撃や不安の低下は、いずれの家畜でも求められる形質なので、それがヒトからの選択圧となり、家畜は変化していきました。このとき、本来は直接的な（家畜として求められる形質とは）関係がうすい形態なども、いっしょに変化してしまうことがあるのです。特に、行動や形態の変化が、その動物種における幼形時代の特徴（人懐っこい、甘える、よく発声する、記憶学習能力が高い、顔が丸い、など）を備えていることから、「家畜化症候群」は、ネオテニー（幼形成熟）によってもたらされたのではないか、とも言われています。

さらに、これらの変化は、よく似た分子・発達メカニズムをもっている可能性が高いのです。つまり、動物の発生過程において、共通の細胞が分化して、そのような形質変化が導き出されるのではないかと考えられています。現在は、「神経堤細胞仮説」までもが、となえられ始めています。神経堤細胞は、攻撃や不安に関係するホルモンであるグルココルチコイドを産みだしている副腎皮質のもととなる細胞（原基）です。しかしさらに、骨格や被毛の発達もつかさどっています。この細胞に何らかの変化が生じたのかもしれない、という仮説です。たしかにそう言われると、「なるほど」と感じられる考え方です。

ヒトは自分たちも家畜化した

ヒトが、ヒトとしての集団を形成して、協力社会を営み、その機能が発達するにつれ、ヒトは自分たちも家畜化してしまいました。つまり、ヒトはヒトを「自己家畜化」したとも言えます。野性的な能力は影をひそめ、お互いに協力することで、攻撃や不安を低下させ、また安定した食資源も入手しました。この時、イヌをいっしょに家畜化したことで、天敵から離れて安定した睡眠が可能となりました。このことは、ヒトの自己家畜化をさらに加速させたかもしれ

写真 1–1　小型の端末から送られるリアルタイムのデータをスマートフォンで受信

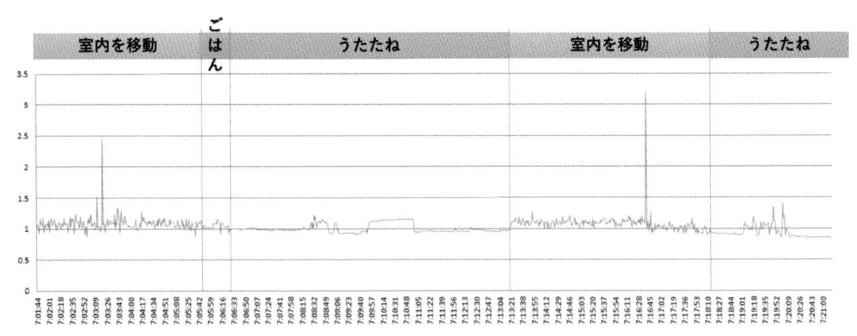

図 1–1　得られた加速度データの一例

ません。ヒトがヒトとなったプロセスを考えてみると、その一部はイヌがイヌになったプロセスに重なっています。ヒトとイヌの家畜化が、ヒトとイヌの共生によってなされてきたのです。このように想像すると、ただのイヌ好きのイヌ研究だったものが、ヒト理解につながる研究へと様変わりしてきます。

確かに、ヒトとイヌのかかわり方には、地域文化があります。そして、その文化に応じて、異なるイヌの形質が見て取れるのです。このことは、ヒトとイヌの関係の影響力を物語っているように見えます。日本犬を研究することで、その向こうに、日本犬を大事に見守ってきた日本人の気質が見えてくるのです。

ヒトとイヌの相互作用から見えてくるもの

このように、ヒトとイヌの共生は、おそらくヒトとイヌいずれもが、お互いの存在を受け入れ、共生を開始したことに始まります。すでに説明してきたように、この共生により、両者ともに、何らかの利益が生じたのでしょう。イヌがヒト集団の周囲をうろつくことで、他の天敵からの接近を許さなかったのかもしれません。イヌが狩りに行く際に、その研ぎすまされた嗅覚の導きを、ヒトが利用したのかもしれません。さらには、みつけた獲物を協力して倒し、よい部分はヒトがとり、イヌが残りをもらったかもしれません。いずれにしても、共生がスタートするには、両者に利益があったと想像されます。ヒトがイヌを友として受け入れ、そのイヌはイヌとなり、またヒトはイヌの存在で、ヒトとなったのかもしれません。そして、その特別な共生のすがたは、ヒトとイヌを、オキシトシンを介してつなぐほどになったのです。

ひとつの分子が、私たちヒトとイヌたちとをつないでいます。行動学者コンラート・ローレンツは言っています。「ほんとうのイヌとのきずなは、ヒトがこの地球とのつながりがあるように、永遠のものなのです」。

私たちの研究グループでは、これまで述べてきたようなヒトとイヌとの特別な関係に注目し、ヒトとイヌの心のつながり（認知的な相互作用）の背景を、行動遺伝学の立場から解明しようと試みています。ヒトとイヌの共生から得られた遺伝子のみならず、同じように家畜化されたジュウシマツでも、共通の遺伝基盤があるのでは、と考えてトリの行動遺伝学も進めています。

　また、このような、ヒトとイヌとの相互作用（インタラクション）がもたらす、私たち自身の心や生活の豊かさを、「共生QOL（クオリティーオブライフ＝生活の質）」という指標を用いて、評価しようとしています。特に病気になった動物が健康になることで、飼い主の生活の質も上昇するだろうとの仮説を立て、飼い主とイヌの関係性における獣医診療の役割も調べ始めています。

　ヒトの変化、日本人の生活、そして、イヌという特別な動物のなりたちを知ることは、つまり、自分たちの過去を知り、これからの生き方への提言にもつながる、そういう夢のある研究なのだと、私たちは考えています。

キーワード

センシング：私たちの研究グループでは、ヒトとイヌに小型の加速度計を装着して、動きのリズムを解析することで、ヒトとイヌのつながりを調べます。

ヒトとイヌの共生遺伝子：イヌは進化の過程で、オオカミと異なる遺伝子を保有するようになりました。その遺伝子によって、イヌはヒトと共生できるということを、私たちは明らかにしました。

2 野生動物（シカ）の資源化・有効活用による共生システム構築のための微生物研究

捕獲したシカ肉を使って高機能ペットフードを開発
新しい循環型の野生シカ管理システムをつくりたい

研究プロジェクト代表者：南　正人
（獣医学部 動物応用科学科 野生動物学研究室 准教授）

増えすぎたシカによってさまざまな問題が

近年、ニホンジカ（以下、シカと表記）の個体数の増加と分布の拡大によって、さまざまな問題が起きています。農林業に、シカは大きな被害を与えています。統計では、農業でも林業でも、被害面積はシカが第１位です。さらに、森林の生態系や水源地としての働きにまで、深刻な影響をおよぼすようになっています。

野生動物（鳥獣）を管理するためには、個体数の管理、生息地の管理、被害の管理の３つが大切です。個体数の管理では、猟友会に捕獲をお願いすることが多かったのですが、これでは不十分です。そこで、環境省は鳥獣保護法を改定して「鳥獣保護管理法」を制定しました。ここには、管理が大切な動物種に対して国や都道府県が捕獲事業をおこなう「指定管理鳥獣捕獲等事業」、猟友会以外でも民間事業者が捕獲事業に参入できる「認定鳥獣捕獲等事業者制度」などが盛り込まれています。

法律によって、公共事業として計画的かつ効率的な手法で捕獲がおこなわれ、その効果の測定も科学的におこなわれることが可能になりました。また、捕獲の手法としては、捕獲にシカが慣れてしまわない手法が必要です。そこで、餌などで引きつけた小集団をまるごと確実に捕獲してしまう方法に、切り替えられつつあります。ただ、この方法では、高度な技術が必要となります。そのため、専門的な技術集団である「駆除技術者」が必要となります。

小諸市の進んだ取組み

環境省の「指定管理鳥獣捕獲等事業」は、国や県レベルの事業が想定されています。農林水産省は、「鳥獣による農林水産業等に係る被害の防止のための特別措置に関する法律」を策定し、市町村レベルでの被害対策を推進してきました。長野県の小諸市では、先進的な取組みが始まっています。小諸市では、猟友会にたよらず、市が直接関わる捕獲の体制を整えました。狩猟免許を持つ者が非常勤公務員として雇用され、市の指揮のもとで活動しています。ルール

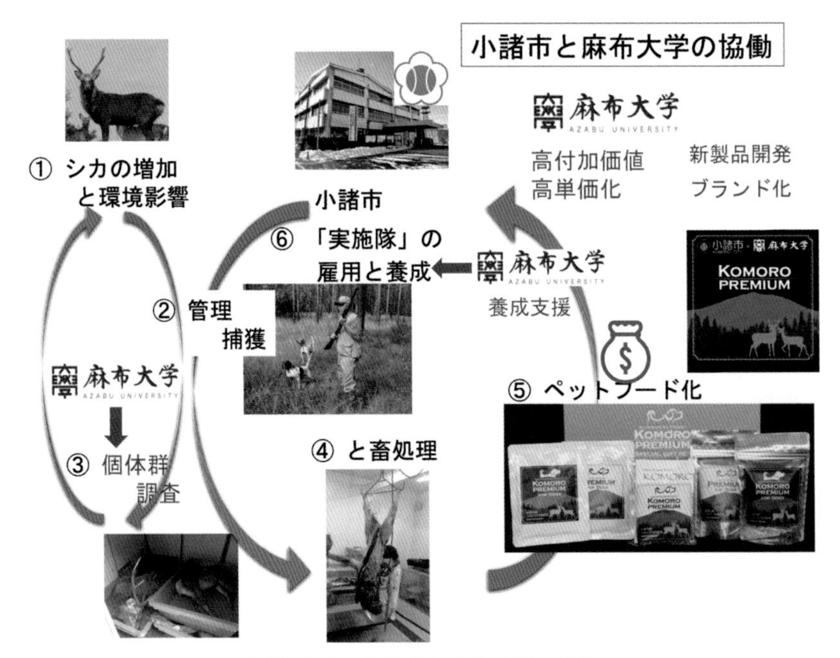

写真 2–1　小諸市と麻布大学の協働

を守れなかった人は、除隊されてしまいます。このような仕組みをもっている自治体は、ほとんどありません。

また、これまでは、捕獲された個体は火葬されていて、多くの税金が使われていました。そこで小諸市は、加工施設を整備することで、捕獲したシカの肉をペットフードとして活用しようとしています。野生の鳥獣の肉を食肉として取り扱う「ジビエ」は、厚生労働省が定める衛生上の基準をクリアしなくてはなりません。しかし、ペットフードの加工であれば、原料となる肉の運搬時間の制約や、捕獲方法の制約もないので、野生動物の管理には適しています。捕獲したシカを活用することは、経済的なメリットもありますし、生き物への「供養」につながると考えられます。お金が得られれば、捕獲技術向上のための講習会や捕獲事業のＰＲ活動のために使うこともできます。これは、鳥獣管理のあたらしいモデルと言えるでしょう。

ペットフードの価値を高めたい

ただ、ペットフードの欠点は、販売価格が安いことです。シカ肉は高タンパクなのでよいペットフードになりますが、国内ではまだその認識は低いため、シカ肉が使われたペットフードの価格は高くないのです。そこで、私たちは、この小諸市の取組を支援することにしました。まず、シカ肉の安全性について、寄生虫の観点から検証をおこないました。シカ肉のもつすぐれた点を確認するための研究もおこないました。シカ肉を使ったペットフードの価格を上げるためには、その優れた点を明らかにして、経済的な価値に結びつけることが必要です。そこで、シカ肉の機能性について、アレルギー性皮膚疾患を持つイヌに対してどのような効果があるのかを研究しています。さらに、新しいタイプのシカ肉加工品の開発にも取り組んでいます。これらについては、後に詳しく述べます。

また、このような研究とあわせて、小諸市の先進的な取組への評価を公表したり、「野生動物管理学」の視点から、捕獲されたシカの分析をおこなっています。この事業に従事する捕獲者や加工者への衛生的な取扱いのアドバイスや、一般市民へのＰＲ活動も、小諸市と一緒におこなっています。

野生のシカからたくさんの寄生虫

シカの個体数の急増と、ジビエ食の流行によって、ヒトやペットがシカ肉を食べる機会が増えています。野生のシカに家畜が接触する機会も増えています。もし、シカに寄生虫がいれば、生のままや加熱が不十分な食べ方をすると、ヒトに感染して病気を起こすことになります。

私たちは、2014 年 10 月から 2015 年 10 月にかけて、山梨県と長野県に生息するシカについて、それぞれ 36 頭と 51 頭の合計 87 検体から、血液を採取して血清を確保しました。この血清を用いて、サルコシスティス、トキソカラ、トキソプラズマ、トリヒナ、ネオスポラという 5 種の寄生虫に対する抗体を、間接ELISA法という方法で調べました。その結果、野生のシカでは、寄生虫の感染がふつうに起こっていることわかりました。

実際に寄生虫を直接見つけ出して、感染の実態を調べることも大切です。そこで次に、2017 年 10 月から 2019 年 9 月に、長野県東部の 3 地域（軽井沢町・小諸市・佐久市）から、シカ 23 頭を捕獲し、内臓を取り出して寄生虫を調べてみました。その結果、ほとんどのシカから、サルコシティスが検出されました。また、吸虫 2 種と線虫 6 種も検出されました。ひとつは、新種の可能性があります。また、2 つの種は、私たちの調査が初めての報告例になります。

以上の結果、ヒトに寄生して病気を起こす寄生虫が、野生のシカに寄生していることが分かりました。したがって、シカ肉を食べる場合には、十分な加熱処理か冷凍処理が重要となるでしょう。さらに、今回見つかった寄生虫には、家畜に感染すると思われる種も含まれていました。このように、シカの寄生虫の感染状況を明らかにすることは、ヒトの公衆衛生の点からも、ペットや家畜の獣医衛生の点からも、とても重要なので、引き続き続けていく必要があります。

食物アレルギー治療へのシカ肉の可能性

ところで、イヌに多い病気は、アレルギー性皮膚炎です。イヌでは、抗原の種類に応じて、ダニや花粉など環境抗原に対する「犬アトピー性皮膚炎」、食物抗原に対する「食物アレルギー」、ノミなど節足動物抗原に対する「ノミアレルギー」、シャンプーなど化学物質に対する「接触アレルギー」に大別されます。

食物アレルギーの治療で、ヒトの医療と大きく異なる点は、日常の食生活を飼い主が完全に管理できる点です。そのため、疑わしい食物抗原を除いたペットフードを一定期間あたえる「除去食試験」と、皮膚炎が改善したペットに食材を再度あたえることで皮膚炎の再発を確認する「食物負荷試験」によって、診断をおこなうことができます。薬物療法もありますが、除去食試験で用いられた食事をそのまま継続すること自体が、治療につながります。ただ、イヌの味覚にあったおいしいペットフードから、食材が制限された除去食に変えると、除去食をいやがったり、食欲が低下したりすることもあります。

写真 2–2　シカ肉のペットフードをよろこんで食べるイヌ

私たちは、アトピー性皮膚炎にかかったことがあるイヌを対象に、野生のシカ肉をペットフードとして活用するための調査をおこなうこととしました。その結果、高タンパクのシカ肉をあたえたアトピー性皮膚炎の犬には、シカ肉を嫌がるイヌはおらず、高い嗜好性を示しました。痒みの程度は、改善、変化がなし、悪化の割合がそれぞれ約３分の１ずつの割合でした。

ただし、一部のイヌは、便の性

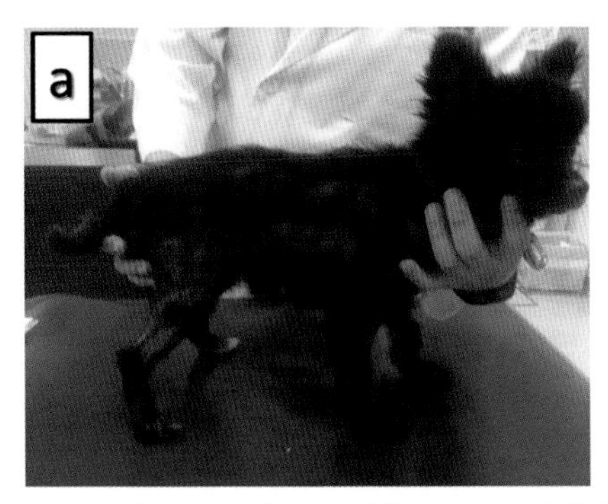

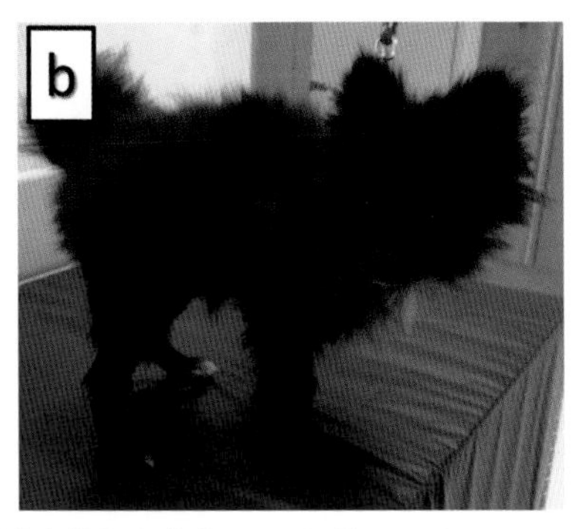

写真 2–3　除去食試験によって皮膚炎が改善した食物アレルギーのイヌ
a）除去食試験の前　b）除去食試験の後

状が下痢となったことを理由に、与えるのを中止しました。痒みの程度が改善したイヌは、これまでに食べてきたペットフードのなかに原因があることが解ります。なぜなら、シカ肉が原因とはならずに、元のあたえていた食事量が減ったことで、原因となる食材を食べる量が減ったために痒みが改善したからです。

痒みの改善あるいは変化なしのイヌでは、皮膚の細菌叢がさまざまな菌種から構成されていましたが、悪化したイヌの皮膚細菌叢はブドウ球菌科の細菌の割合が多く、菌種の構成に偏りがみられました。糞便の細菌叢はラクノスピラ科、クロストリジウム科、腸内細菌科などから構成されていました。ラクノスピラ科が多いと、クロストリジウム科および腸内細菌科が比較的減る傾向がありました。ただ、シカ肉に特徴的な細菌叢を明らかにするには、まだ至っていません。

私たちの研究では、野生のシカ肉に対する過敏反応を生じずに、痒みが改善した食物アレルギーのイヌが見られました。つまり、野生のシカ肉が、新しいタンパク質のペットフードとなる可能性が高まりました。さらに、すべてのイヌが、よろこんで野生のシカ肉を食べたことから、除去食がもつ問題の解決にもつながりそうです。しかし、一部のイヌは、下痢を生じました。今回は、肉食であるイヌの本来の食性と、野生シカ肉の特徴を際立てるために、炭水化物よりタンパク質を多くして研究をおこないました。このことが原因となった可能性があります。下痢は、少ない量ではなく、多く与えた際に生じました。したがって、野生のシカ肉は、ひとつの食材として、あるいは除去食に少量トッピングをおこなって嗜好性を高めることに、まずは利用できるのではないかと考えます。

シカ肉を用いた乳酸発酵食品の開発

私たちはさらに、シカ肉を乳酸発酵したサラミを、新しい食肉製品とすることをめざして研究をおこなっています。

まず、シカ肉の乳酸菌による発酵性と発酵後の製品の特長について、一般的に発酵食肉製品の原料として使用されている豚肉と比較してみました。同じ条件で、シカ肉サラミと豚肉サラミを作製し、製品中の乳酸菌数を調べたところ、両製品中に含まれる乳酸菌の生菌数は大差なく認められ、十分に発酵していることがわかりました。pHについては、シカ肉サラミのpHの方が高いことが認められました。これは、シカ肉サラミでは、よりいっそう衛生管理が重要であるということになります。

また、製品中の栄養成分について調べたところ、シカ肉サラミの方が、低カ

写真 2–4

ロリーで高たんぱく質であることがわかり、ヘルシーな肉製品であると言えます。また、別の実験からは、シカ肉は発酵することにより「抗酸化作用」が増大することが認められました。そのため、シカ肉よりも発酵したシカ肉製品を食べる方が、生体内において酸化を抑制する効果が期待できます。その他にも、血圧を調整するはたらきや、シカ肉や発酵シカ肉製品には、一般の食肉よりも優れた点が多いことが、私たちの研究で認められています。

KOMOROPREMIUM（Komoro Premium Venison Pet Food）
https://www.komoron.com/komoro-premium-for-dogs/：小諸市が開発し、麻布大学が研究を進めて支援しているペットフード。農作物への被害対策などのために駆除したニホンジカの肉を、良質なペットフードとして製造している。麻布大学と共同研究契約を結び、このペットフードのもつ高い機能を検証している。麻布大学生協でも購入可能。

3 ペットフレンドリーなコミュニティの条件――アメリカ・相模原におけるコミュニティ疫学調査の実施と「ミニ・パブリック」を対象とした「討論型世論調査」(Deliberative Poll DP)の実施

ペットとともに生きるコミュニティが存在する条件とは？
ヒトとイヌが暮らしやすいコミュニティとは？

研究プロジェクト代表者：大倉 健宏
(生命・環境科学部 環境科学科 地域社会学研究室 教授)

アメリカ合衆国で学生と一緒に調査

わたしたちの研究グループでは、2012 年から 2014 年にかけて 2 度にわたり、ニューヨーク州ニューヨーク市ブルックリン区、カリフォルニア州サンフランシスコ市およびバークレイ市で、コミュニティ疫学調査を実施しました。さらに、2016 年から 2019 年にかけて 3 度にわたり同じフィールドにて、同様の調査を実施しました。本章では、これらの調査から得られたデータを、紹介したいと思います。

なお、2013 年夏と 2014 年夏に実施した調査データにより、2016 年に『ペットフレンドリーなコミュニティ―イヌとヒトの親密性・コミュニティ疫学試論』を刊行しました。本章では、このデータにその後に実施した調査データを加えて、あらためて分析した結果の一部を紹介します。

あわせて 5 回にわたる調査のうち 4 回は、麻布大学の獣医学部動物応用科学科および生命・環境科学部環境科学科の学生と、他大学の学生 1 名、合計 26 名が調査員として参加し、質問紙調査を実施しました。

写真 3-1　ニューヨーク市ブルックリン区フォートグリーンパークにて（2017 年調査）

ペット（コンパニオン・アニマル）としてのイヌ

この研究を実施した背景には、人間とペットとの関係の変化があります。両者の関係が接近したということです。飼いイヌは室内で家族の一員と同じように暮らすようになりました。アメリカ人ジャーナリストであるシェーファー（2009）は、2006 年アメリカでの調査で、屋外で眠るイヌはわずかに 13% であると報告しています。シェーファーはこの結果を、飼い主の愛情によるものと解釈しています。

アメリカ人の精神分析家であるマッソン（2010）は、睡眠の研究により、飼い主と飼いイヌが一緒のベッドで寝るとバイオリズムが似てくることを明らかにしました。コンパニオン・アニマルとはバイオリズムの共有でもあるのです。

アメリカ人の応用動物行動科学者ベックら（2002）は、イヌを家族の一員と同様に扱う、コンパニオン・アニマルとしてとりあげる必要性を論じています。ベックらは、コンパニオンとは、「一緒にパンを食べる関係」であるとし、家族の一員として位置付けています。アメリカにおいては子どものいる家族でのペットが多く、1 人世帯では 15% がイヌを飼い、子どものいる家族では 72.4%、子どものいないカップルでは 54.4% がペットを飼っています。彼らにとってコンパニオン・アニマルとしてのイヌは、飼育に適した住居に居住する経済的なゆとりがある家族にとって、子どもの教育のために良く、大切な存在です。

しかしながら、コンパニオン・アニマルという位置づけが、問題となることもあるでしょう。アメリカ人ドッグトレーナーのビーアン（2011＝2012）は、飼い主側の問題を別の角度から提起しています。ビーアンによると、コンパニオン・アニマルはいつでも飼い主の感情を反映しています。飼い主の感情の痛みのあり方をイヌが理解し、感情として反応します。飼い主が語ろうとしない感情をイヌが自分で表現しようとするといいます。このこうした関係はコンパニオン・アニマルにとって重荷であり、コンパニオン・アニマルをめぐる問題はいつも飼い主の側にあることを指摘しています。

さて、近すぎる関係のもたらす害とは何でしょうか、飼いイヌと家族の居住環境でしょうか、飼い主の家族構成でしょうか、この点を調査結果から明らかにしたいと思います。残る問題として、飼育経験や家族構成が異なる、さまざまな家族にとってコンパニオン・アニマルとしてのイヌは、どのように、そしてなぜかけがえがないかという、重要な課題が残されています。この点についても調査結果から実態を明らかにしたいと思います。

コミュニティの一員としての飼いイヌ

ここまでで飼いイヌと飼い主の関係が近くなり、コンパニオン・アニマルとして位置づけられていることがわかりました。飼いイヌは家族の一員であるだけではありません。家族が暮らすコミュニティの一員でもあります。

アメリカ人の獣医師カッチャーとベック（1983＝1994）は、都市におけるイヌについて、都市に特有な問題をあげています。彼らは、1980年時点でのアメリカでのイヌ飼育世帯を、全体の40%と推定し、飼育世帯当たり1.5頭と推定しています。また、単身者に飼われているイヌは全体の5%であり、子どものない家に飼われているのは9%、10代の子どものいる家族の半数がイヌを飼っていると推定しています。大型イヌが深刻な咬みつきの原因となることから、都市においては小型イヌが奨励されます。さらに、都市においては、飼いイヌの総数コントロールの必要性があること、このために2匹以上の場合は特別な評価・犬舎・ライセンスが必要であること、放し飼いの問題性、狂イヌ病の予防注射の必要性を指摘しています。

さらにベックら（1996＝2002）は、アメリカにおいて5250万匹と推定したイヌの75％が、都市と郊外で飼われていることを示しました。彼らによれば、アメリカでは90年代になるとペットとしてのイヌは減少しはじめました。その理由は、飼い主の生活様式の変化によります。ペットを飼う場合には、仕事や旅行の予定を前提として、家の広さが問題とならず、手がかからない猫を選ぶようになったと論じています。彼らによれば、都市でのイヌに関する苦情は病気、咬みつき、排泄物による環境悪化、迷惑などです。また、放し飼いにより動物の交通事故や捕獲が多く、イヌにとって都市は安住の地ではありません。問題の原因の多くは飼い主の不注意や身勝手にあり、責任は重大であることを指摘しています。

前述のフォーグル（1984＝1992）もイヌの排泄物放置の問題を、コミュニティの問題としてとりあげています。フォーグルによれば、イヌの排泄物の問題は、排泄物に含まれるイヌ回虫の害ではなく、コミュニティの環境美観の問題であり、処理しない飼い主は反社会的と考えられると指摘しています。好ましくない飼い主のマナーとして、調査結果からは「排泄物の処理をしない」「しつけをしない」ことが回答されています。こうしたルール違反がもたらすさまざまな問題の波及は、どのような契機から発生するのでしょうか。

アメリカ人の哲学者ウォルシュ（2011）は、人間とイヌの特別な関係に注目します。その関係は氷河期以来の見張り役にはじまり、最も密接であるといいます。ウォルシュはその関係が示す一途な愛、ハイパーラブ、感情的なつながりは家族における子どもと同じだといいます。ウォルシュは、本研究の調査地である、サンフランシスコ・ベイエリアの特殊性を、人口学的に論じています。同エリアは、全米主要都市でもっとも子どもの少ない地域であり、イヌを飼育することの価値が非常に高いといいます。18歳未満の人口比率が全米で25％であるのに対して、サンフランシスコは14.5％であり、世帯人数平均2.3人は全米2.6人よりも少なく39%は一人で暮らしています。さらに外国生まれの人が多く、35%しか同エリア生まれではありません。同エリアではイヌと飼い主そして、他の飼い主との関係は重要であるといいます。社会生活においては、家族がいない場合、または離れている場合には飼いイヌがそれを補う存在であると考えられます。賃貸住宅の65%がイヌ飼育可の物件であり、サンフランシスコ・ベイエリアは全米最高のドッグフレンドリー都市です。

私たちの調査結果

ここでは大きく2つの分野にわけて調査結果の分析を試みたいと考えています。その前に一点留意しなければならない点を示しておきます。この調査結果は、私たちがアメリカ合衆国ニューヨーク市とサンフランシスコ市およびバークレイ市のドックパークでの調査の結果です。合計で352票の回答を得ることができましたが、アメリカ全体の傾向を示すものではないことを断っておきます。全体の傾向を示すためには偏りのないサンプル（ランダムサンプリング（無作為抽出）された代表性のあるサンプルといいます）でなくてはなりません。この調査結果はランダムサンプリングされたものではありませんから、私たちが調べた範囲での結果ということになります。2つの分野は以下になります。

① 飼育に関する内容について　飼い主の状況と飼育実践について分析を試みます。
② ペットフレンドリーなコミュニティについて　飼い主にとっての飼育しやすさや地域特性について分析を試みます。

調査結果①　飼育に関する内容について

まず飼い主の状況、属性といいます、そして日常的な飼育について結果を見てみましょう。

ここではクロス集計結果の一部を示します。クロス集計は２つの異なる質問の回答（回答者によって異なる回答が選択されます。これを変数といいます）を組み合わせた分析のことです。

(1)　世代差

まず40歳以上の飼い主と39歳以下の飼い主の違いについてみてみましょう。40歳以上の飼い主では、飼育経験が長く、飼育している飼いイヌの年齢も高かったです。彼らは住宅を所有し多頭飼いが多く、飼いイヌと食器を共用しています。彼らが考える悪い飼育マナーとして「排泄物放置」をあげています。散歩については回数が少ないですが、散歩時間は長いです。ペットを介してつながるペット友人は少なく、ペット友人とは飼育方法以外の話題を話すことが多いです。しかしながら飼育知識をだれから得ているかについてはペット友人をあげています。家族でケアを分担しており、自分だけがケアを担当しているという回答は少ないです。飼いイヌのエサについては、一般的な固形エサよりも、獣医師に処方されたエサなど、特別なエサが多いです。

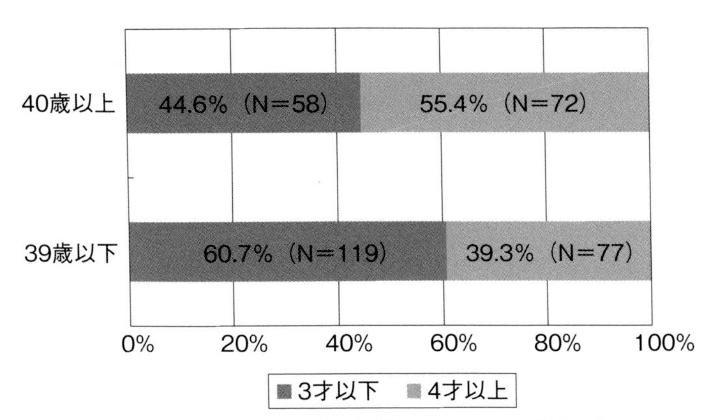

図 3–1　飼い主の年齢と犬齢　N = 326　単位：名

39歳以下の飼い主では、全体的に逆の傾向となっています。飼育経験が短く、イヌの年齢は低いです。多頭飼いはしていません。彼らが考える悪い飼育マナーとしては排泄物放置以外の「その他」をあげています。散歩回数は多いが、散歩時間合計は少ないです。旅行時の預け先としては、友人や近隣をあげています。ペット友人とは飼育に関する話題を話しています。しかしながら飼育知識をだれから得ているかについてはペット友人「以外」です。飼育に必要な施設としては公園をあげています。

(2) 性別の違いによるペット友人関係

男性の飼い主と女性の飼い主でも異なる傾向がみられます。散歩回数については、男性は女性よりも多いです。ペットを介してつながるペット友人は女性の方が男性よりも多く有しています。男性の方が女性よりも、ペットフレンドリーなコミュニティのイメージとして、公園をあげています。そしてペット友人に求めることと、ペット友人はドッグパークという空間と結びついているか、隔たった存在であるかについても異なっています。

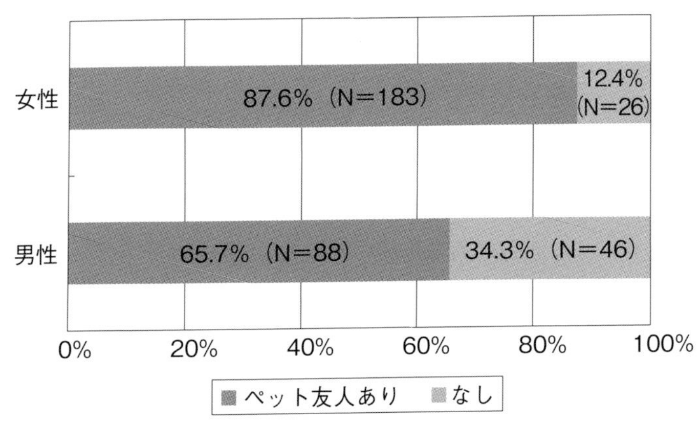

図 3–2　飼い主の性別とペット友人有無　N = 343　単位：名

(3) エサの選択

39 歳以下では固形エサを多く選択しています。固形エサを与える飼い主は、散歩時間が短く、そのことによりペット友人が少ないです。その他として特別に調製されたエサを与えている飼い主がいますが、それは 40 歳以上です。高齢の飼いイヌにとって病院などで指導されたエサを与えているのでしょう。

(4) 犬種

大型イヌでは家族と食器を共用することが多いです。一方で中型イヌ・小型イヌは飼い主と一緒のベッドで寝ることがあります。その場合は主なケア担当者と一緒に寝ています。ケア担当者が一人の場合には、散歩時間が短いです。

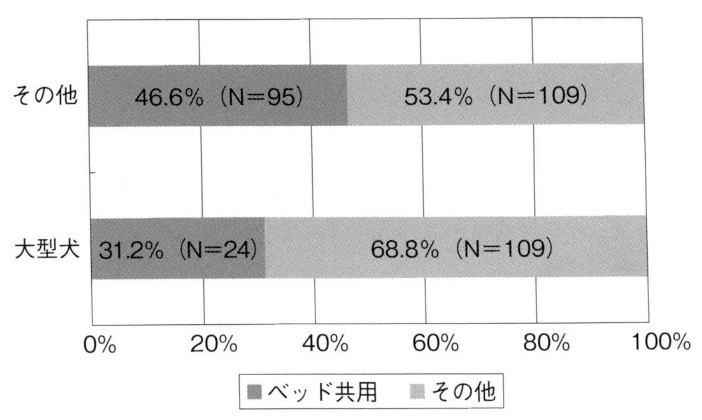

図 3–3　犬種と就寝場所　N＝281　単位：名

(5) 年収と学歴

飼い主の学歴が高いと散歩回数は多いですが、逆に散歩時間は短くなります。一方で年収は高いと散歩回数も多く、散歩時間も長い。そのことにより、ペット友人とは公園で出会うことが多いです。

(6) だれから飼育知識を得ているか

女性の飼い主の場合は、ペット友人から飼育知識を得ていることが多いです。ペット友人と飼育に関する会話をしていても、飼育知識を得ているとはならないことがあります。だれから飼育知識を得ているかはイヌの年齢や犬種によっては説明できません。

調査結果②　ペットフレンドリーなコミュニティについて

(1) ペットフレンドリーなコミュニティ認識

必要施設についても、コミュニティのイメージについても、公園をあげる回答がほとんどです。この点については飼い主ではない近隣住民との、飼いイヌの騒音やにおいに関して、意識のずれが乗り越えるべき課題として残り問題化することがあります。

(2) 公園の意義について

「運動」の場とみなす回答と、「健康」の場として考える回答には世代的な違いがあります。「運動」と見なすのは39歳以下の飼い主であり、大型イヌの飼い主にはその傾向が強い。「健康」の場として考えるのは、40歳以上の飼い主です。どのようなペットフレンドリーコミュニティのイメージを持っているかのちがいは、「歯周病予防の有無」と「予防実施頻度」のちがいをも説明できます。

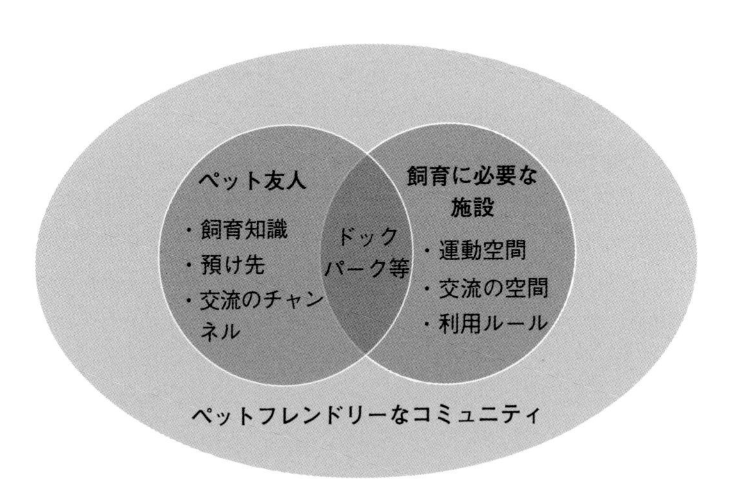

図3-4　ペットフレンドリーなコミュニティ概念図

まとめ　研究という営みのスタートからゴールへ

本章では、飼いイヌと飼い主と、さらに飼い主ではない住民にとって暮らしやすい、ペットフレンドリーなコミュニティの条件について考えてみました。筆者はよく研究という営みは「3階建ての家」を建てるようなものだと、学生に話します。本当のオリジナルな研究は3つの部分から出来上がっているということが言いたいのです。1階部分は私たちに先立つ研究（先行研究といいます）を上手に整理することです。この作業からは研究がまだされていないことを明らかにすることができます。別のたとえならば、春の花見の時期の公園でまだゴザやシートが敷かれていない場所を探すことです。

このようにして先行研究を土台や基礎部分や柱にして、1階部分を作ります。2階は自ら仮説を立てることです。仮説とは自分が見つけたゴザやシートの隙間を説明するための仮の答です。調査研究をした後に間違っていることもあります。それでまったく構いません。科学に反する態度は、自分が立てた仮説を守ろうとするために、調査データを改ざんやねつ造することです。そんなことよりもなぜその仮説が間違っていたのか、理由を検討することの方がはるかに科学の進歩に寄与します。それぞれの研究分野で、調査・研究をするうえで守らなくてはならない倫理規定や倫理綱領、指針が示されています。

さてここに至って、オリジナルな3階部分を建てることになります。自分以外の他の人には絶対にできない、成果や知見を示しましょう。すぐれたオリジナルな研究は、「〇〇と考えられていたが、そうではなかった」などという、常識をくつがえす研究が多いようです。3階部分にあたる研究成果や知見は、モデルとして示されることがよくあります。モデルとはそぎ落としてそぎ落として、その研究の最も大切な点をシンプルに示すものなのです。

キーワード

ペットフレンドリーなコミュニティ：私たちの暮らしには、イヌなどのペットを飼育する住民、飼育しない住民、そして、飼育されるペットがいる。そのいずれにとっても、暮らしやすく、セキュリティが確保された空間を、ひとことで表現した言葉である。

ペットとの暮らしは
とっても幸せ！

4 動物共生科学の科学的コミュニケーション構築とその発信に関する研究

動物共生科学の概念を整理してコミュニケーションの基礎に
専門家と非専門家とのコミュニケーションを促進

研究プロジェクト代表者：福井 智紀
(生命・環境科学部 教職課程研究室 准教授)

科学的コミュニケーションとは？

わたしたちの研究グループでは、動物共生科学についての「科学的コミュニケーション」を生み出し、それを活性化させるために、さまざまな試験的取り組みをおこなってきました。さらに、その過程では、参加者にアンケートをお願いするなどして、イベントなどの取り組みをただ実践するだけではなく、それを研究として評価することを目指してきました。

それでは、科学的コミュニケーションとは、何でしょうか。コミュニケーションとは、広辞苑では、「社会生活を営む人間の間に行われる知覚・感情・思考の伝達」と説明されています。平たく言えば、世のなかでさまざまな情報が行ったり来たりしていることです。科学的コミュニケーションは、ここに「科学的」という語がついているので、特に科学の分野に関わる情報のやり取りを表しています。あるいは、情報のやり取りのなかに、「科学に関わっている人々」(科学者や技術者など）が存在している、というとらえ方もできるでしょう。このとき重要なのは、科学者が自分の研究成果を報告するような一方通行の流れではなく、科学者どうしや、科学者以外の人々も含む、さまざまな方向が念頭にあるということです。

科学の分野での研究や、そこで生み出された成果は、まず、学会などの科学者たちの集団のなかで広がっていきます。科学者の世界では「最初に見つけた」「最初に考えた」ということが、とても重要です。そのため、成果はすばやく、他の科学者たちに向けて発信されます。それだけではなく、特に重要な成果は、科学者たちの外側の社会に向かっても、積極的に発信されます。大学や公的研究所の科学者たちは、研究経費や文部科学省などの補助金、つまり他の人からお金をもらって研究をしているのです。企業に勤める科学者やエンジニアの場合でも、製品が売れるからこそ研究ができるという点で、やはり他の人のお金を使っていると言えます。このため、科学者の側からは、絶え間なく情報が発信されることになります。もちろんこれも、科学的コミュニケーションのひとつの姿です。

双方向の流れ（交流）が大切

しかし、あえて「コミュニケーション」という言葉が使われているように、この情報は一方通行ではありません。例えば、一般の人々の期待は、研究費の配分や製品の販売にも、影響を与える可能性があります。みんなが期待する研究は、進展しやすいのです。一方で、人々が嫌悪感をいだいたり、関心を引かなかったりする研究は、研究資金を獲得しづらくなり、それほど活発にはならないでしょう。つまり、人々がさまざまな科学の研究のうち、何にどのような想いを持つかは、科学の世界にも間接的に影響するのです。さらに、住民投票やパブリックコメントのような制度や、国内ではまだ主流ではありませんが、海外で生まれたさまざまな市民参加型テクノロジー・アセスメントもあります。これらは、もっと直接的に、科学者に影響を与えます。

こうしたことを踏まえると、科学についての情報のやり取りは、科学者どうしだけではなく、科学者以外の人々も含む、さまざまな方向を視野に入れなければならなくなります。そこで、このような科学に関わる双方向のコミュニケーションのすべてを、科学的コミュニケーションとしてとらえることが大切なのです。

なお、科学的コミュニケーションは、科学コミュニケーション、科学技術コミュニケーション、サイエンスコミュニケーションなど、異なった呼ばれ方もされています。少しずつ意味は違うのですが、基本的には大差ありません。そこで、ここでは原則として、科学的コミュニケーションという語を用います。

科学的コミュニケーションを促進する「しかけ」

本来の意味での科学的コミュニケーションは、特別な1日だけのことではなく、日常的なコミュニケーションも含まれます。私たちは、麻布大学の学術支援課や広報課のような事務組織とも連携し、各研究グループの研究内容やその成果を、どのようにして社会とつなげるかを考え、その橋渡し役になることを目指してきました。例えば、麻布大学のブランディング事業の内容を紹介するためのパンフレットやロゴマークをつくりました。ロゴマークとテーマを入れたグッズもつくりました。研究成果をウェブサイトやツイッターなどで発信するためのしくみづくりにも加わりました。3分程度の紹介映像も作成し、イベント時や学内の展示コーナーで上映してきました。

とは言え、何かきっかけがなければ、目に見えるコミュニケーションは、生み出しにくいものです。そこで、科学的コミュニケーションを生み出すための「しかけ」として、複数の企画を実施することにしました。実は本書も、そのようなしかけのひとつとして、アイデアが実際のかたちになったものです。このようなしかけとして、最も力を入れてきたのは「サイエンスカフェ」です。さらに、オープンラボ、講演会、パネル展示、長期の企画展示など、手をかえ品をかえ、いろいろと実施してきました。以下では、これらの内容やようすなどを紹介します。

サイエンスカフェを開催

写真4-1は、最初に開催したサイエンスカフェのようすです。大学のオープンキャンパスのなかで開催しました。麻布大学の卒業生で現在は学校の理科教員となっている2名をお呼びして、司会をお願いしました。話題提供者

は、ブランディング事業の研究統括者（第１章のプロジェクト代表者でもあります）と、第2、5、15章のプロジェクトの代表者または分担者にお願いしました。話題提供者と参加者とのコミュニケーションのため、「カフェタイム」を設け、さらに質疑応答を活発にするために、コメントカードを配布・回収しました。twitterやメールでの質問も受け付けました。とは言え、写真からもうかがえるように、本来のサイエンスカフェ（飲食をしながら気楽に会話を楽しむもの）とは違って、講演会のような雰囲気になってしまったという反省も残りました。双方向ではなく、一方通行が中心のやり取りになってしまった、ということです。

写真 4–1　第１回サイエンスカフェ
（2017 年 8 月 6 日）

そこで、第２回のサイエンスカフェは、写真 4–2 のように、小さな会場で、テーブルを囲む車座形式での実施としました。話題提供者は、第５章のプロジェクトの代表者と分担者のおふたりにお願いしました。まずはプロジェクターを利用して話題提供をしていただきましたが、その後は２つのテーブルに分かれて着席していただき、参加者とのフリートークの時間としました。また、この時の会場は、ウィンドチャイムといって、大学内にあるペット同伴可能な施設としました。事前に連絡いただくことでペット同伴可としたので、何人かの参加者が、愛犬を同伴して参加していただきました。私たちも、ヒ

写真 4–2　第２回サイエンスカフェ
（2018 年 3 月 10 日）

写真 4–3　第 3 回サイエンスカフェ
（2018 年 8 月 5 日）

トのためのコーヒーやお茶菓子だけではなく、ドッグフードも用意しました。これによって、楽しくアットホームな雰囲気で、研究についての話し合いができました。

第 3 回のサイエンスカフェは、第 1 回と同じ、大学のオープンキャンパスのなかでの開催でした。話題提供者は、ブランディング事業の研究統括者と、第 3、5、14 章のプロジェクトの代表者にお願いしました。第 1 回の反省と第 2 回の経験を踏まえて、カフェタイムでは、プロジェクト代表者に 3 つのテーブルに分かれてもらい、車座形式でのフリートークの時間としました。これによって、参加者と研究者との直接の会話が活発となったようです。そこで、翌年のオープンキャンパスで開催した第 4 回のサイエンスカフェ（2019 年 8 月 4 日）でも、同じ方法をとりました。なお、第 4 回の話題提供者は、本章の研究代表者がブランディング事業の全体像をお話しし、他に第 1、7、14 章のプロジェクト代表者にお願いしました。この 3 名は、ブランディング事業の大きな 3 分野の分野別リーダーでもあります。

オープンラボを開催

2018 年度の大学祭にあわせて、オープンラボというイベントを企画・実施しました。これは、後述するパネル展示の会場に併設して、一部の研究プロジェクトからブースを出展してもらい、研究者や学生・院生と来場者が直接コミュニケーションできる場を提供しようという試みです。さらに、一部の研究室から協力を得て、希望する来場者を、直接研究室にお連れする「研究室ツアー」もこの企画のなかで実施しました。また、麻布大学同窓会との共催とい

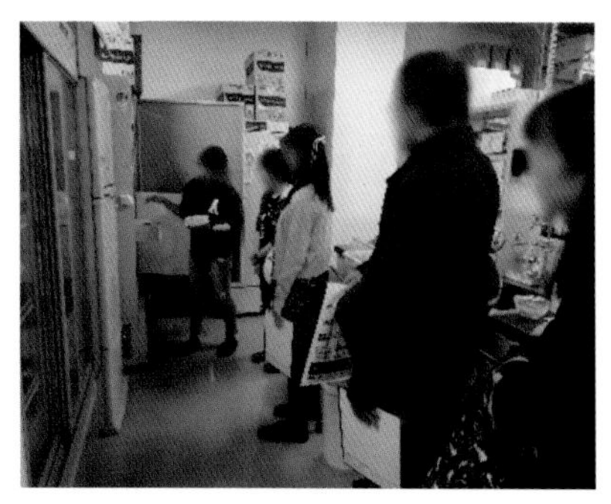

写真 4–4　オープンラボ（2018 年 10 月 27・28 日）

うかたちで、ブランディング事業の研究統括者による講演会も実施しました。ブースの出店数や、来場者・ツアー参加者数が少なかったことなど、特に準備段階やイベント告知に関する反省点も残りました。ただ、研究者との直接のコミュニケーションや、研究室のリアルな雰囲気を感じてもらう機会となり、新たな試みとして私たちが学ぶことも多いイベントとなりました。

パネル展示やそのほかの取り組み

2017 年度の大学祭にあわせて、ブランディング事業の内容を紹介するパネルを作成しました。各研究プロジェクトから協力を得て、ブランディング事業の全体を説明するパネルだけでなく、各プロジェクト 1 枚ずつのパネルを展示しました。なお、作成にあたり、一般の来場者がイメージしやすいように、各プロジェクトからの素材や元原稿について、私たちが取りまとめて大きくリライトしました。これも、科学的コミュニケーションの視点を意識したからです。

パネル展示は、単独で実施した時もありますが、他のイベント時に併設したこともあります。これまでに 10 回以上を実施しました。写真 4-5 は、2017 年 10 月の最初のパネル展示のようすと、他の回のようすです（左が第 1 回、右側のものほど最近）。会場の状況などに応じて、さまざまなレイアウトを試してきました。

ここまで紹介してきたイベントや企画のほかにも、2019 年 3 月から、獣医学部棟の展示スペースで、長期間の企画展示をおこないました。パネルに加えて、研究機器、成果物、研究の様子を伝える写真、参加研究者の著書などを展示したほか、紹介映像をループ再生するモニターや、パンフレットスタンドも設置しました。また、2019 年度の大学祭では、ミニ講演会を開催しました。広報統括者と、第 5 章と第 13 章の代表者が、コンパクトな話題提供をおこないました。

科学的コミュニケーションはますます重要に

私たちの研究グループは、他グループの研究で生み出された成果や研究のようすについて、多くの人々に知ってもらうとともに、双方向の交流を生み出そうとしてきました。一方で、こうした取り組み自体を、ひとつの研究として成立させようともしてきました。例えば、実施したイベントの多くで、来場者・参加者へのアンケート調査を実施しています。これによって、感想やイベントへの評価はもちろん、「動物共生科学」についての人々のイメージなども、分析したいと考えています。なお、2018 年度途中までの集計結果は、その一部を学会に報告し、電子ジャーナルとして公開されています（日本科学教育学会 2018 年度第 4 回研究会）。最終的な集計結果や、私たちの研究グループの取り組みの総括は、改めておこないたいと考えています。

私たちの研究グループは、麻布大学のブランディング事業や「動物共生科学」についての科学的コミュニケーションを生み出し、活発にすることを目指

写真 4–5　さまざまなレイアウトでのパネル展示

してきました。しかし、科学的コミュニケーションは、動物共生科学の分野だけで大切なわけではありません。本章の前半で述べたように、科学が科学者だけの世界に閉じこもっている時代では、すでにないのです。特に、最先端の分野では、人々の期待と不安に応えるため、ますます科学的コミュニケーションが必要となっていくでしょう。みなさんも、まわりに広がる科学的コミュニケーションに、楽しみながら参加してみませんか！

キーワード

科学的コミュニケーション：サイエンスコミュニケーションなど、他の呼び方もある。専門家からの発信だけでなく、非専門家との双方向の交流を重視する考え方や活動のこと。サイエンスカフェは代表例だが、広義には理科教育やテレビ番組など、科学に関するあらゆる交流を含む。

第Ⅱ部
●
ヒトと動物との共進化遺伝子の同定

ペットや家畜が誕生するカギとなった遺伝子（家畜化遺伝子）を探っています。さらに、ヒトと動物が進化してきたなかで、ともに悩まされるようになった疾患（皮膚病・代謝疾患・ガンなど）の遺伝子変異を明らかにする取り組みをしています。

5 ヒト ― 動物の共生による発がん性感受性の変化の解析：より健康な環境づくりに向けて

イヌに「がん」を起こす原因物質を見つけ出す
ペットもヒトも「がん」になりにくい食生活とは？

研究プロジェクト代表者：関本 征史
（生命・環境科学部 環境科学科 環境衛生学研究室 准教授）

ペットのイヌやネコでも「がん」が増えている？

日本では、1981 年以降「悪性新生物（がん）」がヒトの死因の第一位となっています。これは、医療技術の発達によって、それまでに多くの患者を死に追いやっていた「感染症」「心疾患」「脳血管疾患」に対する予防法や治療法が確立されてきたことに加え、寿命が延びたことが原因と考えられます。

実は、ヒトだけでなく、ペットのイヌやネコでも同じようなことが起こっています。平均寿命は、ネコでもイヌでも以前より大きく伸びています。一方で、図 5-1 のように、年齢に比例して「がん」による罹患率（保険請求の割合）は高くなります。イヌでは、0 歳時に比べて 10 歳齢ではオスで 6.7 倍、メスでは 8.7 倍に達しています。

このことから考えると、日本ではイヌを含んだペットも長寿化しており、「がん」への罹患率が増加していると考えられます。

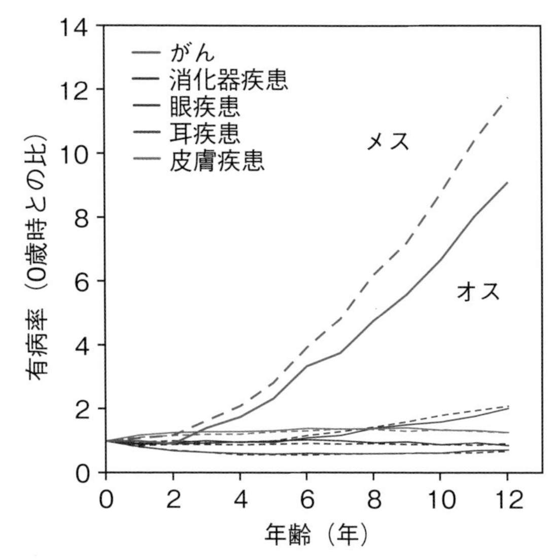

図 5–1　加齢による「がん」罹患率の変化
アニコム『家庭どうぶつ白書 2016』のデータを元に筆者が作成した。なお、ここではそれぞれの病気の「保険請求割合」を「有病率」と示している。

「がん」はどうやってできる？

「がん」はどうやってできるのでしょうか？

「がん」は遺伝子の病気と言われるように、複数の遺伝子に傷が付くことを引き金にして、以下のような複数のステップで生じると考えられています。

第一段階は「発がんイニシエーション」と呼ばれる過程です。これは、発がんを引き起こすような発がん性物質（発がんイニシエーター）によって、正常な細胞の遺伝子（DNA）に傷がつくことで生じます。多くの傷はきちんと修復されますが、この修復に失敗してしまうことがあります。その結果、ある遺伝子は元のDNA配列とは異なったDNA配列に変わって（変異して）しまいます。遺伝子が変異することによって、他の細胞よりも早く分裂したり、死ににくくなったりした変異細胞が生じます。

第二段階は「発がんプロモーション」と呼ばれる過程です。これは、発がんプロモーター（促進因子）によって起こるとされています。発がんイニシエーションを受けた変異細胞が、発がんプロモーターの作用によって死ににくくなったり、速やかに増殖するようになったりして、がんの前駆細胞になっていきます。

第三段階は「発がんプログレッション」と呼ばれる過程です。この段階では、がんの前駆細胞に対してさらに遺伝子の変異が生じ、真のがん細胞へと細胞が悪性化していきます。この悪性化したがん細胞が異常に増殖し、さまざまな臓器に転移し、正常な臓器の機能を低下させることで、最終的に個体を死においやると考えられています。

このことから、「がん」のはじまりは、発がんイニシエーションの過程、もっというと「発がんイニシエーターによる遺伝子の変異」にあると言えるのではないでしょうか。

どんなものが「発がんの原因」になる？

それでは、どんなものが「発がんの原因」になるのでしょう？　読者の皆さんは、タバコや農薬、食品添加物、放射線などを思い浮かべるかもしれません。図 5-2 は少し古い論文からの引用になりますが、米国のがんの疫学研究者が示す「がんの要因」をグラフにまとめたものです。興味深いことに、ヒトのがんの最大の原因は（通常の）食事にあるということを示しています。

食事とがん発症との関係では、マーチャンド（Marchand）による研究がとても有名です。もともと日本人には胃がんが多く、欧米人には大腸がんが多いことが知られていました。そこで、ハワイ在住の日系人を調べたところ、遺伝子のタイプが近い日本人と異なり、食生活が近い欧米人と同じように大腸がんが多いことがわかりました。このことから、どんながんに罹っているかには、生活習慣、特に食生活が大きく影響していると考えられる結果が得られたのです。

最近、おもに大腸がんに関する研究から、国際がん研究機関（IARC）が加

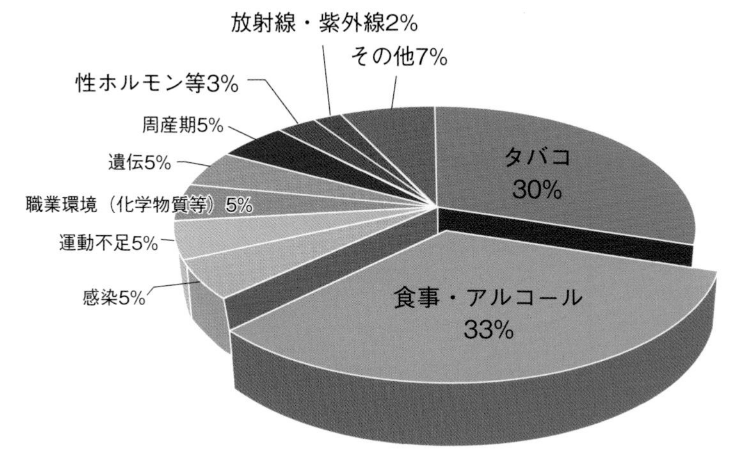

図 5–2　米国のがん疫学者が考える発がんの要因

Cancer Causes Control, 1996 Nov, 7 Suppl 1:S3-59. (Harvard Report on Cancer Prevention, Volume 1: Causes of human cancer) より一部改変して作成

工肉を「人に対して発がん性がある（Group1）」に、また牛・豚・羊などの肉（赤肉）を「おそらく人に対して発がん性がある（Group2A）」に、それぞれ判定したことが話題となりました。

IARCによる判定は実際の摂取量をふまえた発がんリスクを示しているわけではなく、たくさんの量を摂取した場合に起こるかもしれない有害性（ハザード）を示すものですが、それでも読者の皆さんは驚かれたと思います。加工肉や赤肉の他にも、表 5-1 に示すようにさまざまな食品（あるいは食品中の化学物質）に発がんリスクが認められています。

さらに近年注目されているのが腸内の細菌叢（そう）の違いです。食事などの違いによってこの腸内で生育している細菌の種類（細菌叢）が変化し、これが肥満やアレルギーなど、さまざまな病気の発症に関わっている可能性が指摘されています。「がん」との関わりも気になるところですよね。

これらのことを考えると、私たちのふだんの食事が「がん」の大きな原因になっていることは間違いなさそうです。

表 5–1　IARC（国際がん研究機関）でヒトに対する発がんリスクが認められている代表的な食品

IARC で発がんリスクが認められている食品

Group1
ヒトに対する発癌性が認められる
アフラトキシン（カビ毒）、
ベンゼン（清涼飲料水）、
アルコール飲料、タバコ、加工肉

Group2A
ヒトに対する発癌性がおそらくある
アクリルアミド (加熱食品)
ベンゾピレン（加熱食品）
N-ニトロソ化合物（発色剤）

Group2B
ヒトに対する発癌性が疑われる
AαC、Glu-P-1、Glu-P-2、MeAαC、
MeIQ、MeIQx、PhIP、Trp-P-1、
Trp-P-2（加熱食品）
アセトアルデヒド（アルコール代謝物）
多くの芳香族炭化水素類（加熱食品）、
フモニシンB1（カビ毒）

ペットの「発がんの原因」は何なのか？

さて、話をペットに移しましょう。冒頭で、イヌやネコなどのペットの寿命が飛躍的に伸び、また「がん」の罹患率も高くなっていることを述べました。

ヒトの発がんの原因に食事が関わっているのは間違いありませんが、これにストレス、暴飲暴食、運動不足などの悪い生活習慣が複合的に関わっていることが考えらます。

では、「イヌ」で考えてみるとどうでしょうか。きちんとした飼い主であれば、朝晩に定期的な散歩（運動）をし、過不足なく栄養バランスの取れたペットフード（食事）を食べ、宿題や仕事をしろと言われることもなく、慈愛あふ

れる飼い主のもとでストレスない生活を送る…。ある意味、とても幸せな生活を送っているように感じますし、ヒトに比べると「がん」に罹りにくいような生活を送っている気がします。では、どんなものがペットの「発がんの原因」になっているのでしょうか？

私たちの研究グループでは、ヒトの食品に発がんリスクが疑われる化学物質が入っていることにヒントを得て、「発がんの原因となるような物質が気づかれないままペットフードに含まれているのではないか？」と仮説を立て、まずは論文調査を行ってみました。すると、数は少ないものの、すでにいくつかの報告があることがわかりました。

肉や魚の焦げの中には、発がん性をもつ化合物が含まれていることが知られています。アメリカ合衆国の研究者は、25種類のペットフード中に、このような化合物（MeIQxやPhIPという物質）が、ごく微量に検出されることを報告しています。ちなみにこの研究では、遺伝子変異を検出できる微生物を用いた試験（エームス試験）を行っており、ペットフードの抽出物が遺伝子変異を引き起こすことも明らかとされています。

別の物質に着目したチェコ共和国の研究者らによる研究では、IARCのGroup2A（表5-1）にリストアップされているアクリルアミドという物質が、調査したペットフードの中に、1 kgあたり最大358 μg（μgは1 gの100万分の1に相当）検出されたのです。

そこで、私たちの研究グループでも、30種類ほどのドライタイプのペットフードを購入し、そのアクリルアミドの量を測定してみました。その結果、全てのペットフードからアクリルアミドが検出できました。最も多いものでは、1 kgのペットフードあたり80 μgのアクリルアミドが含まれることがわかりました。

先行研究や私たちの研究結果から、多いにせよ少ないにせよ、IARCによって発がん性が指摘されている物質が、ペットフードに含まれることがわかってきたわけです。ペットを飼っている方、心配になってきたでしょうか？

ペットフード中にある発がん性物質、どのくらい危ないの？

医薬品も、あるいは食品でも、私たちの身の回りにあるあらゆる物質は「毒」になることをご存じでしょうか？　毒性学の分野では、ちょっと残酷な試験ですが、ネズミにいろんな量の物質を食べさせて致死量を測定するという試験があります。それによると、例えばガムに使われているキシリトールをマウス１匹（体重 30 g と換算）あたり 0.8 g 程度飲ませると、試験したマウスの半数が死亡するとされています。食塩では１匹あたり 0.12 g、アルコール（100％エタノール）では１匹あたり 0.10 g 飲ませると、やはり半分のマウスが死んでしまいます。料理に使っている醤油（食塩濃度約 15％）も日本酒（アルコール濃度約 15％）も、たくさん飲めば毒になってしまうわけです。では、発がんについてはどう考えれば良いのでしょうか？

化学物質による多くの毒性には、ここまでであれば（毒性）作用が見られないという量である「閾値」があります。しかし、発がん性物質の場合には、きわめて少量の場合にも、ほんのわずかに発がんリスクが増加すると考えられており、このような「閾値」が存在しないと考えられています。そこで、発がん性物質の場合には、動物を使った発がん実験の結果をもとに求めた「実験動物に対して 10％程度発がんリスクを増加する一日量（BMDL10）」という値と、ヒトの一日の食事に含まれている推定量との間にどのくらい差があるのかを計算した「暴露マージン（MOE）」と呼ばれる値をもとに、発がんのリスクを判定することが、国際的な専門家会議から提案されています

そこで、PhIP とアクリルアミドの発がんリスクを、この MOE をもとに考えてみましょう。ヒトの場合、計算してみると、PhIP の MOE は 24,000 ～ 80,000 になります。これは、実験動物で発がんが 10％増加するとされる PhIP の一日摂取量の 1/24,000 ～ 1/80,000 を、毎日摂取しているということを意味しています。

では、イヌではどうでしょうか？　イヌ（体重 10 kg）が一日に食べるペットフードに含まれる PhIP 量を仮定して計算してみると、イヌでの MOE は

340～2,400となります。

アクリルアミドはどうでしょうか？　最新の研究結果で求められた日本人の1日の食事からのアクリルアミドの摂取量は体重1kgあたり0.14µgと考えられており（河原ら、2018）、これをもとにするとアクリルアミドのヒトでのMOEは1,200程度になります。実際の曝露量のほかに喫煙状況や食生活などで大きく異なっていますが、専門家によれば日本人は他の国のヒトよりもアクリルアミドの発がんリスクは低いのではないかと考えられています。

同じようにして、イヌでも考えてみましょう。私たちの測定データでは、ペットフード1kgあたりに含まれるアクリルアミドは最大で80µgとなっています。PhIPのケースと同様に計算すると、中型のイヌでのMOEは100になりました。

さて、この計算で求めたMOEはどういった意味を持つのでしょうか。先に述べたように、MOEは発がんが10%増加するとされる一日摂取量までにどのくらいの余裕があるかを示したものになります。一般的に、MOEが10,000未満の場合は「発がんに対する懸念がある可能性がある」とされています。そう考えると、ペットフード中に含まれているPhIPやアクリルアミドは、イヌでの発がんに関わっている可能性がありそうです。

国際的な政府間機関は、ヒトの食品中のアクリルアミド濃度を低減することを勧告しており、多くの食品メーカーがその対策に取り組んでいます。しかし、ペットフード中に含まれる発がん性物質の研究は、世界的にもほとんど行われておらず、また、ペットフードメーカーがその低減を積極的に進めている、という話も聞いたことがありません。ペットは365日、ほぼ同じ食事をすることから考えても、ペットフードに含まれるいろんな成分は気になるところです。材料や製法を工夫することによってペットフード中に含まれる発がん性物質の低減を図った「健康に配慮したペットフード」があれば、最近仔犬を飼いはじめた筆者はぜひ買いたいと思うのですが、読者の皆さんはどう考えますか？

イヌでの「発がん」を予防したい

イヌはヒトと３万年の長きにわたり共生してきました。これは、ネコやウマなどと比べても圧倒的に長いのです。これによってイヌは、栄養分の消化・吸収が変化し、食生活が肉食から雑食へと変わってきた、と言われています。

実は、PhIPやアクリルアミドが発がん性を得るためには、体内にある異物代謝酵素といわれる酵素による代謝活性化（化学構造がDNAを傷つけやすいように変化する）が必要とされています。私たちの研究グループでは、このような長いイヌ－ヒトの共生の歴史の中で、「発がん性物質の代謝活性化に変化（異物代謝酵素の進化）が起こり、ヒトとイヌでは同じような発がん性物質でがんが起こるようになってきたのではないか？」という仮説を立て、発がんイニシエーション過程を調べることができる培養細胞や微生物を使って研究を進めています（図5-3）。まだ研究の道半ばではありますが、ペットフードに含まれるPhIPやアクリルアミドの代謝活性化が、イヌやヒトではどうなっているのか……これを調べることで、発がんのしやすさを動物側から考えることができるのです。

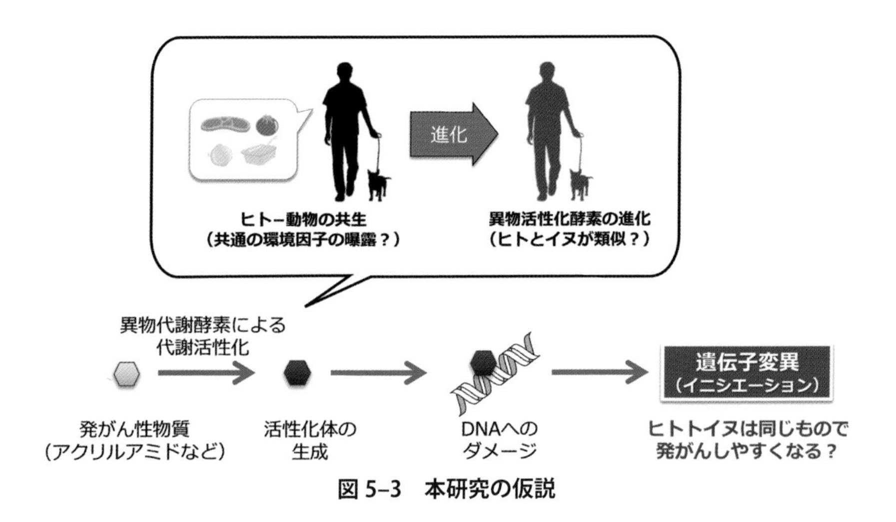

図 5-3　本研究の仮説

私たちは、発がんには食生活などの「環境要因」と、異物代謝酵素などをふくんだ「遺伝的要因」の両方が関わっていると考えています。異物代謝酵素の解析などを通して「遺伝的要因」を明らかとし、また、ペットフードから発がん性物質をなるべく取り除き、がんを抑制する成分などを添加することで「環境要因」を低減させることで、ペットの発がんを予防したいと考えています。

キーワード

遺伝毒性：DNAを傷つけ、遺伝子変異を引き起こす性質。遺伝子変異が重なると細胞が「がん」化する。

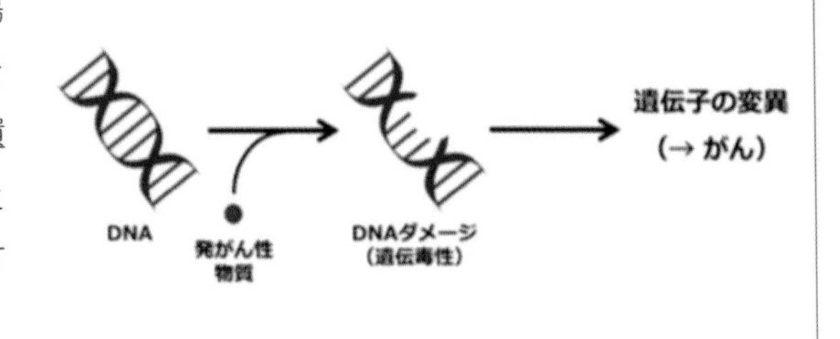

6 Chemical geneticsによるウイルス感染症の病態原因遺伝子の同定

化合物を使ってウイルス感染症の機構を解明する
ウイルスの戦略を明らかにして治療や予防へ応用

研究プロジェクト代表者：紙透 伸治
（獣医学部 基礎教育研究室・化学 准教授）

ヒトと動物に病気を引き起こすウイルス

毎年冬になるとインフルエンザが各地で流行します。インフルエンザはインフルエンザウイルスが引き起こす「ウイルス感染症」です。ウイルスは細胞よりも小さく、生体内の細胞の中で増殖し、空気や血液によって感染を広げます。ウイルスは常に身近に存在していて時には風邪の原因になったり、ノロウイルスという種類のウイルスはしばしば食中毒の原因となったりします。

ウイルスによる感染症は人に限らず動物にとっても脅威です。例えばインフルエンザウイルスには、動物に感染するタイプが存在します。人にも動物にも感染するウイルス感染症を人獣共通感染症と呼びます。狂犬病はウイルスが原因の病気ですが、イヌとそのイヌに噛まれた人の両方が感染する人獣共通感染症で、治療をしないと死に至ります。狂犬病はワクチンによる予防接種で感染を防ぐことができますが、世界ではまだ毎年1500万人が感染し、およそ6万人が死亡しています。また、近年豚熱（豚コレラ）が猛威をふるっていますが、私たちが食している家畜にもウイルス感染症は存在し、畜産業において経済的な損失をもたらしています。

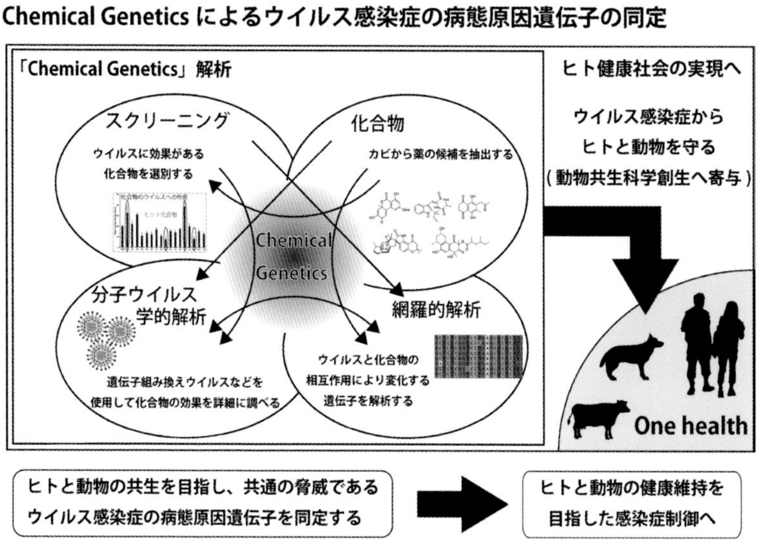

Chemical Genetics によるウイルス感染症の病態原因遺伝子の同定

図 6–1　研究の全体像

2 段階の研究でウイルス感染症にせまる

私たちの研究グループでは、このような人と動物のウイルス感染症を制御するために、化合物を用いた研究を行っています。大きく分けると以下の２つの段階で研究をしています。

(1) ウイルスの感染を抑えることができる化合物を見つける

インフルエンザにかかると治療薬が処方されます。これはインフエンザウイルスが増殖するのを抑えることができる「抗ウイルス薬」です。人獣共通感染症や動物の感染症の原因になるウイルスには、このような抗ウイルス薬が存在しないものがあります。このようなウイルスによる感染を制御できるような化合物を見つけ出すことができれば、感染症を治療できるかもしれません。私たちの研究グループではウイルスの増殖を抑えることができるような化合物（抗ウイルス物質と呼びます）を探索しています。

(2) 抗ウイルス物質がどのようにしてウイルスの増殖を抑えることができるかを解明する

（1）で見つけた抗ウイルス物質はもしかすると薬として応用することができるかもしれません。その前にやるべきことが「その抗ウイルス物質がどのようにしてウイルスの増殖を抑えるか？」を明らかにすることです。ウイルスはまず感染した動物体内の細胞（宿主細胞といいます）に入り込みます。その次に宿主細胞のタンパク質を巧みに利用して自分自身を複製して増やします。増えたウイルスは細胞の外に出て別の細胞内に侵入しまた複製します。このようにウイルスは侵入 → 複製 → 放出というプロセスを繰り返しながら増え、さまざまな疾患を発症させます。薬として使うためにはどのプロセスを抑えているか、化合物が直接作用しているタンパク質は何か、あるいは遺伝子は何かということを解明する必要があります。

ウイルスの種類は数多く存在しますが、増殖の仕方には違いがあります。ウイルスが自分自身を増やすプロセスにはそれぞれ個性があり、そのメカニズムは未解明な部分が多く残っています。抗ウイルス物質が直接作用しているタンパク質や遺伝子を調べれば、ウイルスが増殖するのに必要な因子を明らかにすることができるかもしれません。このように抗ウイルス物質が作用するメカニズムを解くことは、薬を開発することに繋がるだけでなく、ウイルスを理解することにも繋がります。ウイルスは増えるときに自分自身の遺伝子/タンパク質を使うだけでなく、宿主となる細胞の遺伝子/タンパク質も利用します。さまざまなウイルスと宿主細胞がどのように影響しあって進化してきたかを知ることができる可能性があるのも、この研究の魅力的なところです。

研究で使うウイルスたち

私たちの研究グループでは、現在、人あるいは動物の感染症の病原体である「インフルエンザウイルス」「狂犬病ウイルス」「ボルナ病ウイルス」「牛白血病ウイルス」に対して効果がある化合物を探索しています。

インフルエンザウイルスの中でもＡ型は強い感染力を持ち、毎年ヒトの間で流行が認められているウイルスです。インフルエンザウイルス感染は単に高熱を引き起こすだけでなく、免疫が低下した人や幼児、また高齢者の場合は死因にもなり得る公衆衛生上重要な感染症の1つとなっています。オセルタミビル（タミフル）やザナミビル（リレンザ）などの既存の抗インフルエンザウイルス薬は効果を得るために発症後早期の使用が必要となり、治療薬として完全ではありません。

狂犬病ウイルスは、哺乳類全般に感染するウイルスであり、発症すればほぼ治らないことが知られています。日本を含むいくつかの先進国は清浄国（狂犬病ウイルスによる感染がない国）となっていますが、依然世界各地で発症が認められ、現在も年間約6万人が感染により死亡しています。発症を予防することは可能ですが、一部地域ではワクチンの普及が遅れています。発症後の治療法は、いまだに確立されていません。

1885年ドイツ西部のボルナという村で、行動異常や麻痺を示し死亡する馬が大量に確認されました。その後、死亡した馬の脳からウイルスが見つかり、ボルナ病ウイルスと名付けられました。ボルナ病ウイルスはウシ、ヒツジ、イヌ、ネコそしてヒトを含む多くの哺乳動物に感染することが報告されており、一部の研究ではヒトの精神疾患と関連するのではないかと指摘されています。

また近年では、同属のウイルスが次々と発見されており、鳥類や爬虫類さらに魚類に至るまでボルナ病ウイルス近縁のウイルスに感染することが解っています。特に、リスからヒトに感染が移行すると考えられているカワリリスボルナウイルスはドイツで複数名の死者が出ており、早急な対策が必要とされています。加えて、最新の報告では臓器移植後に脳炎を発症し死亡した患者からボルナ病ウイルスが検出されており、ボルナ病ウイルスによる死者はこれまで報告されていないだけで実際には多いのではないかと考えられています。その一方で、これまでにボルナ病ウイルス感染を完全に排除できる治療薬は見つかっておらず、現在のところ予防法も治療法も確立されていません。

牛白血病ウイルス（BLV）は、牛にがんの一種である牛白血病を引き起こします。BLVに感染した牛すべてが牛白血病を発症するわけではありませんが、発症してしまうと短期間で必ず死に至ります。日本におけるBLV感染率は30～40%（約120～160万頭）に達しており、20年前と比較して30倍以上に拡大しています。BLVによる経済的損失は20億円と試算されており、今後も拡大することが予想されているため、有効なBLV対策を確立することが望まれています。通常家畜のウイルス感染症を制御するためにはワクチンが主に用いられます。ワクチンがあれば未感染の家畜に投与することで、感染が広がることを防ぐことができます。しかしながら、BLVはレトロウイルスという種類のウイルスであり、ワクチンの開発が困難とされています。実際、さまざまなタイプのワクチン開発の研究が行われていますが、現在のところ有効なワクチンの開発にはいたっていません。

もう一つ重要な点として、BLVにはヒトに感染する近縁なウイルスがあります。ヒトT細胞白血病ウイルス1型（HTLV）というウイルスで、世界の中でみると日本で感染率の高いウイルス感染症です。BLVに対して効果がある化合物は、もしかしたらヒトのHTLVにも効果があるかもしれません。

微生物がつくる化合物「天然有機化合物」

私たちの研究グループでは、微生物が生産する有機化合物を研究で用いています。細菌や真菌などの微生物の中には、特殊な有機化合物を生産するものが存在します。微生物はたくさんの種類があり、それぞれが多様な有機化合物をつくります。微生物が生産する有機化合物は、細菌の感染症の治療に用いられる抗生物質やがんの治療に用いられる抗がん剤などさまざまな薬剤で用いられています。

2015年に北里大学の大村智先生がノーベル医学・生理学賞を受賞しました。大村先生は寄生虫の感染症の薬であるイベルメクチンを発見した功績でノーベル賞を受賞されました。感染症にはウイルス以外にも、細菌や寄生虫を病原体とするものがあります。特に動物では寄生虫による感染症が数多く存在し、深刻な問題となっていました。イベルメクチンは、開発後、獣医療の現場で数多く活用されています。さらに、アフリカや中南米で広がるヒトの寄生虫感染症の治療薬としても利用されています。この薬によって2002年までに60万人が失明から救われたと言われています。このイベルメクチンも放線菌という種類の微生物が生産する化合物から派生した化合物です。このように微生物代謝産物は感染症などの医薬品候補化合物として有用な可能性があります。

私たちの研究グループでは、微生物の中でも糸状菌（いわゆるカビです）を主に用いています。糸状菌が生産する化合物も、ペニシリンなどの抗生物質、血液中のコレステロールを下げることで動脈硬化のリスクを軽減するスタチン類などさまざまな医薬品として利用されています。しかしながら、動物のウイルス感染症に効果がある化合物は、ほとんど探索されていません。私達のこれまでの研究で糸状菌が生産する化合物には、C型肝炎ウイルスやB型肝炎ウイルスに効果がある化合物が存在することが明らかになっています。これら肝炎ウイルスの感染者は世界に3億人以上にのぼると推計され、肝炎ウイルス持続感染は慢性肝疾患、特に肝硬変・肝がん発症の最大の原因です。このため、私たちの研究グループでは、動物のウイルス感染症に効果がある化合物を糸状菌の代謝産物から探索しています。

写真 6–1　糸状菌を野外で採集する

写真 6–2　培養液から化合物を抽出する

化合物を得るためには、まず糸状菌を集めてきます。糸状菌は至る所にいるので、海や山から植物や土などを採取して、それらを培地に入れるとカビが生えてきます。これを単離してそ

写真 6-3　抗ウイルス活性試験（スクリーニング）

れぞれを液体培地で培養すると、培地中に菌が生産する化合物がたくさん出てきます。この化合物を抽出し、精製します。この方法を繰り返すことで化合物のコレクション（化合物ライブラリーと呼びます）を作っていきます。この化合物ライブラリーの中からウイルスに対して効果がある化合物を探します。

次に、得られた化合物が前述の４つのウイルスに対して効果があるかどうかを調べます。ウイルスは自分だけでは増えることができないので、ヒトや動物の一部を培養して得られた培養細胞を用います。まず、培養細胞にウイルスを加えて感染させます。この細胞に化合物を加えます。37℃で数日間培養した後、ウイルスの量が減っているかなどを調べ、化合物が抗ウイルス効果をもつかを調べます。この方法を前述の化合物ライブラリー（約 1000 種類の化合物を含む）で試していき、効果があるものを選抜します。このような方法を「スクリーニング」といいます。スクリーニングはいわば宝探しとも呼べる手法です。

効果がある化学物質を発見し特許を出願

私たちの研究グループでは、狂犬病ウイルス、インフルエンザウイルス、ボルナ病ウイルス、牛白血病ウイルスそれぞれに対して抗ウイルス効果を示す化合物をスクリーニングにより探索してきました。その結果、それぞれのウイルスに対して効果がある化合物が見つかってきています。この中で牛白血病ウイルス（BLV）に対して効果がある化合物は特許出願を行い、実用化に向けて研究を進めています。

また、この化合物がどのようにしてBLVの増殖を阻害するかを調べています。BLVはレトロウイルスであり、複数のプロセスを経て増殖していきます。そこで、私たちが得た抗ウイルス物質がどのステップに影響を与えるかを解析しています。他の３つのウイルスについても同様に研究を進めています。

以上のように、私たちの研究グループでは、抗ウイルス物質を探索し、薬剤としての応用を目指しています。また、抗ウイルス物質を起点としてウイルスの増殖プロセスを理解し、感染の制御につなげたいと考えて研究を進めています。

キーワード

Chemical genetics：化合物を利用して、生命現象を解明すること。私たちの研究グループでは、おもにカビから取り出した天然有機化合物に着目し、牛白血病ウイルス、ボルナ病ウイルス、インフルエンザウイルス、狂犬病ウイルスなどの治療や予防の薬（抗ウイルス物質）としての可能性を探究している。

7 比較病理学に基づくヒトのAAアミロイド症の原因遺伝子の同定

ブタのAAアミロイド症の研究からヒト医療にも貢献
アミロイド抽出キットを開発して特許を出願

研究プロジェクト代表者：上家 潤一
（獣医学部 獣医学科 病理学研究室 准教授）

アミロイド症とは

アミロイドとはタンパク質が線維状になったものです。クモの糸にはアミロイドが含まれているものがあり、昆虫はアミロイドを上手に利用していますが、健康な哺乳類や鳥類の体内にアミロイドはありません。動物の体内でアミロイドが作られると病気の原因となります。アミロイドが体の中にたまる病気をアミロイド症といいます。ヒトの病気であるアルツハイマー症は脳にアミロイドがたまることが原因のひとつとされています。アルツハイマー症以外にもさまざまなアミロイド症があり、病気によってアミロイドのもととなるタンパク質の種類は違います。重要なアミロイド症のひとつに、全身にアミロイドが蓄積してしまうAAアミロイド症があります。この病気はSerum Amyloid A（SAA）というタンパク質が臓器に沈着し、多臓器不全をおこします。感染症や炎症がおきるとSAAが大量に作られてアミロイド化すると考えられています（図7-1）。ヒトでは関節リウマチの患者さんに発症することが多い病気です。

家畜にもアミロイド症は発生し、なかでもAAアミロイド症はよく遭遇する

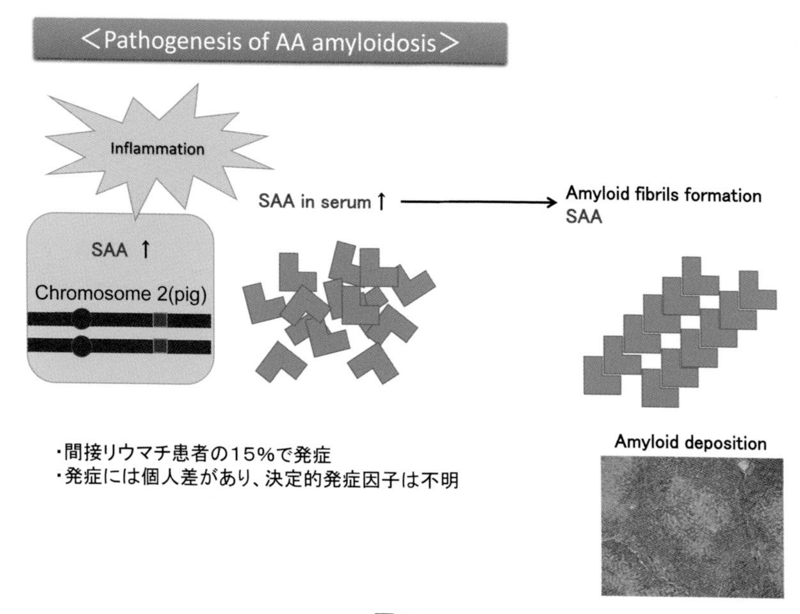

図 7–1

病気です。炎症などが起きてSAAが大量に作られることがAAアミロイド症の原因とされていますが、これだけでは説明がつかないことがあります。実は、動物の種類によってAAアミロイド症の起きやすい動物と、ほとんどアミロイド症にならない動物がいるのです。ウシはAAアミロイド症が起きやすく、特に腎臓にアミロイドがたまって腎不全になってしまうウシの患畜は珍しくありません。一方で、ブタはAAアミロイド症になりにくいのです。ブタのAAアミロイド症は非常に珍しい病気で、これまでに世界で5例（うち1例はイノシシ）しか報告されていません。ブタは感染症によくかかる動物で、肺炎などの炎症性疾患は珍しくありません。他の動物同様に、炎症にともなってSAAはたくさん作られることもわかっています。SAAがたくさん作られるのならAAアミロイド症になりそうですが、なぜブタではこの病気は起きにくいのでしょう。

ブタのAAアミロイド症

麻布大学には、豚病臨床センターという組織があり、全国の養ブタ場から送られてくるブタの病気を診断しています。これまでに約1,300症例のブタの病気を診断してきました。その中に、1頭だけですがAAアミロイド症と診断したブタがいました。「珍しい病気をみつけたなあ」と思い、このブタの組織を顕微鏡でよく観察すると、腎臓、肝臓、脾臓に大量のアミロイドがたまっていることに気が付きました（図7-2）。さらに、細菌感染が見つかり、感染症によってSAAが大量に作られていることがわかりました。つまり、このブタはウシなど他の動物のAAアミロイド症と同じ病態だったのです。なぜこのブタだけアミロイド症になったのでしょうか。私たちの研究はこの疑問からスタートしました。

脾臓　　肝臓

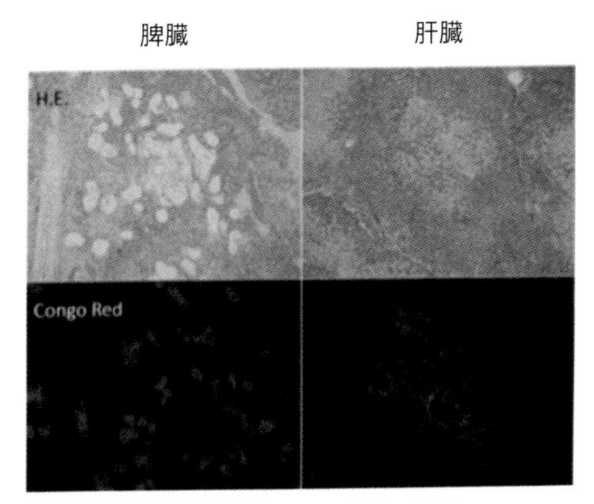

図7-2　アミロイドの沈着

実際の症例をみながら、ブタのAAアミロイド症について仮説を立てました。

仮説①　他の動物と違って、通常のブタのSAAタンパク質はアミロイドになりにくい。
仮説②　AAアミロイド症ブタは通常とは違うアミロイド化しやすいSAAタンパク質を持っている。

これを確かめるために、このブタの組織にたまっているアミロイド化したSAAタンパク質を調べることにしました。

ここでひとつ大きな問題がありました。貴重な症例を手に入れたのはラッキーだったのですが、このブタのすべての組織はホルマリン漬にされていました。組織を腐らせないためにホルマリンに入れておくのが病理診断検査では一般的ですが、ホルマリンはタンパク質同士をくっつけてしまう（架橋）ので、ホルマリン漬けの組織からタンパク質を抽出することが難しいのです。タンパク質を解析する技術はたくさんあるのですが、抽出しないことには解析できません。そこで、ホルマリンに漬かった組織からアミロイドタンパク質を抽出する方法を開発することにしました。

アミロイド抽出技術の開発

SAAタンパク質以外にもさまざまなタンパク質がアミロイドを作ります。それらのタンパク質には共通点があります。それは、タンパク質の形がよく似ているということです。専門的な言葉を使うと、アミロイド化するタンパク質はβシート構造と呼ばれる形をしています。βシート構造をもつアミロイドタンパク質自体は水に溶けますが、タンパク質が積み重なることで１本の線維状のアミロイドを作り、不溶化して沈着すると考えられています。逆に考えると、アミロイドタンパク質の形をβシート構造から変化させればアミロイド線維がほどけて、タンパク質が溶け出してくるのではないでしょうか。過去の研究で、ある種の有機溶媒はタンパク質をαヘリックスとよばれる形に変化させることが知られていました。そこで、私たちはホルマリン漬の組織を有機溶媒につけることでアミロイドタンパク質が溶け出してくるかどうか実験してみま

Kamyloid
from AZABU University

図 7–3　アミロイド抽出キット Kamyloid

した。貴重なブタの症例を使うのはリスクがあったので、アルツハイマー病のマウスモデルの脳（アミロイドがたまっている）のホルマリン材料で試してみました。すると、予想通りアミロイドタンパク質が抽出できたのです。しかも、他のタンパク質はホルマリンで架橋されているために溶け出してこず、アミロイドタンパク質だけを純度よく抽出できることができました。ホルマリン材料からアミロイドタンパク質を抽出することができる技術は、今のところ、私たちの技術だけです。その後、この方法はさまざまアミロイドタンパク質を抽出できることが確認され、アミロイド抽出法として特許出願し、抽出キットを販売することができました（図 7–3　コスモ・バイオ社、Kamyloid）。

ブタにたまるSAAタンパク質

公開されているブタの全遺伝子（ゲノム）のデータベースを調べてみると、ブタには 4 種類のSAAタンパク質をコードする遺伝子があることがわかりました（SAA1-4）。また、オランダのNiewold先生たちが、データベースに登録されているSAAとは違う配列のSAA（Niewold配列）をもつブタがいることを 2005 年に報告していました。ブタには合わせて 5 種類のSAAタンパク質があることになります。どのSAAがアミロイドを作るのでしょうか。

開発したアミロイド抽出法を使うことで、AAアミロイド症ブタの組織にたまっているSAAタンパク質を解析することができるようになりました。抽出したSAAタンパク質のアミノ酸配列を、質量分析という方法で調べてみると、SAA2 とNiewold配列の 2 種類のSAAが検出されました。この 2 つがアミロイド化するSAAの候補になります。どちらのSAAがアミロイドを作

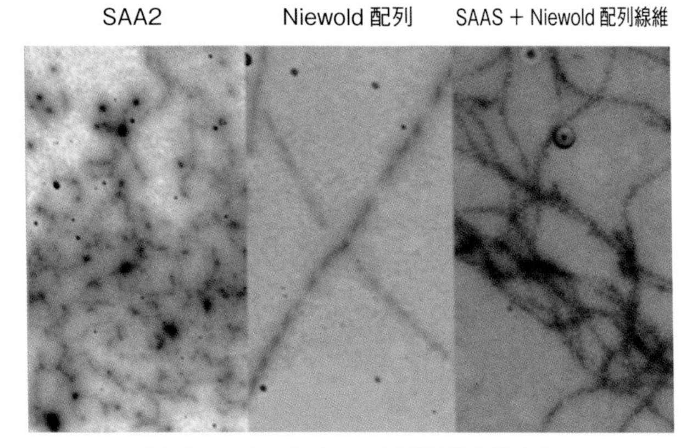

図 7–4　豚のアミロイド線維形成実験

るのか、合成した2種類のSAAを使って確かめてみました。合成SAAの高濃度溶液を作成し、1日置いておくと、どちらの溶液もサラサラだったものがトロトロのゲル状に変化しました。ゲル状の溶液を電子顕微鏡ですると、どちらのSAAの溶液にも線維が観察されました。しかし、SAA2とNiewold配列では線維の形がまったく異なっていました。Niewold配列は直線状に長く伸びるアミロイド線維を作ったのですが、SAA2はジグザクに走行する短い線維になりました（図7-4）。ブタの組織にたまっているアミロイドを電子顕微鏡で観察すると、Niewold配列が作る長い直線上の線維は確かにありますが、SAA2が作るようなジグザク線維は見つかりません。でも抽出タンパク質には両方のSAAが含まれています。ブタのアミロイドに含まれているSAA2はどこに行ってしまったのでしょう。

ここでもうひとつ仮説を立てました。

仮説③	Niewold配列が存在すると、SAA2は直線状のアミロイド線維を作るようになる。

これを確かめるために、2種類の合成SAAを混ぜてみました。ただ混ぜるだけでなく、最初にNiewold配列で線維を作っておき、それをSAA2の高濃度溶液に入れます。すると、SAA2が長い直線状のアミロイド線維を形成し

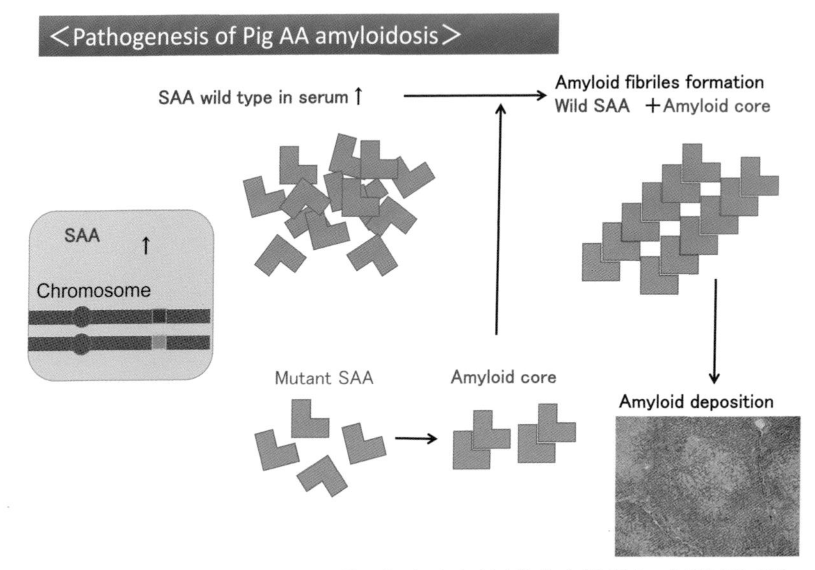

Kamiie J, et al., Vet Pathol. 2017 Jan;54(1):111-118

図 7–5　豚の AA アミロイド症の発生メカニズム

たのです。

この実験結果は、ブタのAAアミロイド形成にはNiewold配列が必要であることを示しています。炎症によってNiewold配列SAAとSAA2がたくさん作られます。最初にNiewold配列がアミロイド化し、そこに巻き込まれる形でSAA2がアミロイド化していくという病気の発生メカニズムが考えられます（図7-5）。つまり、Niewold配列SAAの遺伝子を持っているブタだけがAAアミロイド症を発症するということです。これまでのAAアミロイド症の発生機序では、SAAがたくさん作られることが原因とされていましたが、特別な配列を持つSAAが作られることが発生の原因であることをブタで突き止めました（kamiie et al, Vet Pathol 2017）。この研究を発表した後に、日本国内やアメリカから、計7例のブタのAAアミロイド症のホルマリン材料を入手することができました。同じ方法で、たまっているSAAを解析したところ、すべての症例で同様にSAA2とNiewold配列が検出されました。ブタのAAアミロイド症に共通する発生メカニズムであると考えられます。

他の動物のAAアミロイド症

ブタではNiewold配列がアミロイド症発生に関わっていることがわかりましたが、他の動物ではどうなのでしょうか。私たちの獣医病理学研究室は、年間を通してさまざまな動物の死体を解剖し、死因を調べる病理検査を行っています。その中にはアミロイド症と診断されたウシ、山羊、犬、猫がたくさんいます。そのホルマリン材料を調べてみることにしました。また、日本獣医生命科学大学や帯広畜産大学、東京大学の病理学研究室など他の獣医大学に保管されていた動物のアミロイド症のホルマリン材料も提供してもらい、合わせて調べてみることにしました。すると驚いたことに、調べたすべての動物のAAアミロイド症の組織には、ブタと同様に2種類のSAAがたまっていることがわかりました。データベースに登録されている各動物のSAAと、データベースにない配列のSAAです。データベースにないSAAは、登録SAAとひとつのアミノ酸だけが異なっていました（ここでは変異型SAAと呼びます）。Niewold配列ではありませんでしたが、2種類のSAAが沈着していることから、ブタと同じような病気の発生メカニズムが考えられます。

SAA遺伝子の謎

動物のAAアミロイド症には、2種類のSAAが沈着していることがわかりました。ブタのNiewold配列や、他の動物で見つかった1アミノ酸だけことなる変異型SAAは、データベースに登録されている健康な動物のゲノムの中にはみられません。そこで、AAアミロイド症の動物にだけ、これらの変わったSAAをコードする遺伝子があるのではないかと考えました。PCRという方法で各動物のSAA遺伝子を調べてみました。すると健康な動物と同じSAA遺伝子は見つかるのですが、変異型SAAをコードする遺伝子は検出されませんでした。遺伝子が無いのにタンパク質だけが存在していることになります。この現象について、ある仮説をたてて研究を進めているところです。肝臓の一部で、1％以下のわずかな細胞に変異型SAA遺伝子が存在することを見つけており、なぜそのようなことがおきるのか研究しています。

ヒトのAAアミロイド症

動物の研究によって、哺乳類には変異型SAAが関与するAAアミロイド症の発生メカニズムが共通して存在することがわかってきました。ヒトのAAアミロイド症でも同じメカニズムがあるのでしょうか。新潟大学の医学部との共同研究で、ヒトのAAアミロイド症のホルマリン検体を解析することができました。ヒトのSAAは5種類あることが知られています。このうち、どのSAAがアミロイドとしてたまっているのか、動物と同様にアミロイドを抽出し、質量分析で調べてみました。すると、同じように2種類のSAAが見つかりました。症例の中には、4種類のSAAが検出されたものもありました。つまり、動物と同じように、ヒトでも複数の種類のSAAが関与していることがわかりました。この事実は、ヒトだけを対象に研究していてもたどり着かなかったと思われます。さまざまな動物の病気を比較し、共通点や異なる点を見つけ、病気の発生メカニズムを研究するやりかたを比較病理学といいます。比較病理学は、動物のスペシャリストである獣医学ならではの考え方です。比較対象にヒトを含めることで、獣医領域だけでなく、医学にも貢献できると考えています。

キーワード

AAアミロイド症：慢性炎症や感染症が生じると血中にSerum Amyloid Protein Aが増加し、さまざまな臓器にアミロイドとして沈着し、多臓器不全を生じる。動物ではよくみられるアミロイド症。ヒトでは関節リウマチ患者に随伴して生じること多いが、病理発生のメカニズムはまだ解明されていない。

えっへん！
ブタの研究が
ヒトにも役立つのね！
麻

8 生殖サイクルをつかさどるヒト動物共進化メカニズムの解明

精子形成と受精・着床の分子機構の解明をめざす
動物の研究からヒト不妊治療への貢献へ

研究プロジェクト代表者：前澤　創
（獣医学部 動物応用科学科 比較毒性学研究室 講師）

生殖サイクルの解明が求められている

生殖サイクルは、生物にとって必須の過程です。生殖細胞が、性分化、配偶子形成、受精することで、生殖サイクルがまわり、これによって生命に連続性がうまれます。このサイクルは、哺乳類に共通で、共通に進化した分子機構が見られます。しかし近年、生殖サイクルに異常が生じることにより、不妊症が増加し、大きな社会問題になっています。

不妊の原因をみてみると、女性由来の割合は65％で、排卵や着床の異常が知られています。また、男性由来の割合も48％あり、精子をつくる能力の異常が知られています。ヒトだけではありません。ウシの世界でも不妊症が確認されており、肉用牛や乳牛の人工授精による受胎率は年々低下しています。これは動物の大型化による肥満や、性ホルモン分泌異常などにより、受精や着床へ悪影響が生じていると考えられています。ヒトと動物に共通した社会問題である不妊症の要因には、環境などの外的要因や、遺伝などの内的要因が関係しています。不妊症の改善のために、生殖細胞分化、受精、着床といった生殖サイクルの分子機構の解明が、いま求められています。

私たちの研究グループでは、「配偶子（精子や卵）の形成」および「受精（着床）」に焦点を当て、その分子機構を解明することをめざしています。モデル動物として、マウスだけでなくサルやブタを利用することにより、ヒトと動物に共通の分子機構を解明し、ヒト健康社会の実現へ貢献したいと思っています。

精子がつくられるとき遺伝子の発現が変化

男性由来のおもな不妊の原因である、精子をつくる能力（造精能力）の異常について、その詳細なメカニズムはわかっていません。そのため、精子が形成される機構の解明は、不妊治療にとっても不可欠であると考えられています。

精巣内には、精細管と呼ばれる管が存在し、そこで精子がつくられます。管の外側から内側へ、精子の形成は進行します。精子の形成は、未分化状態の精原細胞から始まり、減数分裂期にあたる精母細胞を経て、半数体の精細胞ができます。その後、成熟期を経て精子ができます（図 8–1）。未分化の精原

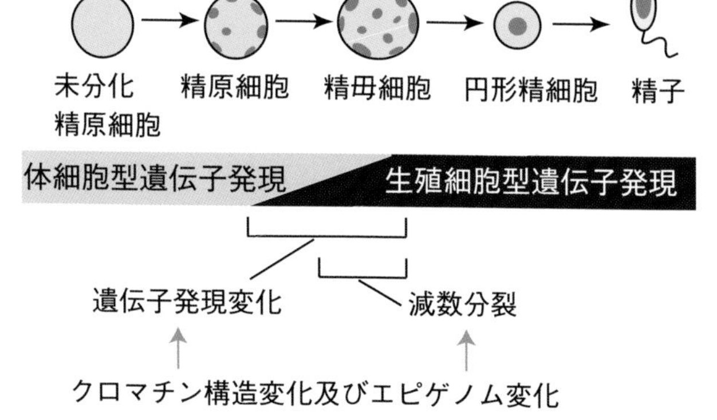

図 8–1　精子形成期における大規模な遺伝子発現変化
配偶子形成には減数分裂の完了が必須である。減数分裂期への文化の際に、ゲノムワイドなクロマチン構造変化及びエピゲノム変化が生じ、体細胞型遺伝子発現から生殖細胞型遺伝子発現へと変化する。

細胞から精子ができるまで、マウスだと約40日（43日）、ヒトだと約70日（65-75日）かかります。

精子形成期の分化の進行は、その段階で特定の遺伝子が発現することによってコントロールされています。これまでの研究から、減数分裂期へ分化が進行する際に、遺伝子発現に大きな変化が生じていることがわかってきました。この時期には、数千もの体細胞型の遺伝子発現が抑制され、一方で、数千もの生殖細胞型の遺伝子発現が活性化するのです。このとき、細胞核のなかの染色体の構造変化である「クロマチン構造変化」と、使う遺伝子と使わない遺伝子を決める機構の変化である「エピゲノム変化」が起きています。しかし、それをコントロールするしくみは、まだよくわかっていないのです。

私たちの研究グループでは、この減数分裂移行期に生じている段階的なエピゲノム変化を明らかにし、カギとなるエピゲノム制御因子を同定したいと考えています。また、モデル動物としては、マウスだけでなくブタやサルを用いて生物種の間で比較することで、ヒトと動物に共通の分子機構を見つけたいと考えています。

エピゲノムを制御する「パイオニア因子」を探す

ここからは、もう少し専門的な話になります。一般的なエピゲノム制御因子や転写因子は、Openクロマチンの部分を認識してはたらきます。パイオニア因子は、ヒストンに巻き付いたDNAに結合して、Closedクロマチンを Openにすることができるので、転写因子などを結び付けて転写を活性化させます（図8-2）。パイオニア因子は、エピゲノム構造変化の鍵となる、非常に重要なはたらきをしているのです。すでに、いくつかのパイオニア因子が見つかっています。

パイオニア因子を探すためのこれまでの研究では、Openクロマチンの部分に着目して候補因子を予測して、候補を絞り込みながら、さらに生化学的な解析や欠損マウスを用いた解析によって、その機能を検討する手法がとられてきました。直接的にパイオニア因子を探索する技術は確立されていないため、これまでに同定されたパイオニア因子は、10～20因子程度に過ぎません。

私たちの研究グループでは、アフィニティ精製、サイズ分画、質量分析を組み合わせて、パイオニア因子を効率よく探し出す実験システムを作り上げようとしています。これは、発生生物学の分野で、幅広く役立つ可能性があります。同定された候補因子は、生化学的な解析や、機能欠損マウスを用いた解析をおこなって、生殖細胞特異的パイオニア因子として同定します（図8-2）。

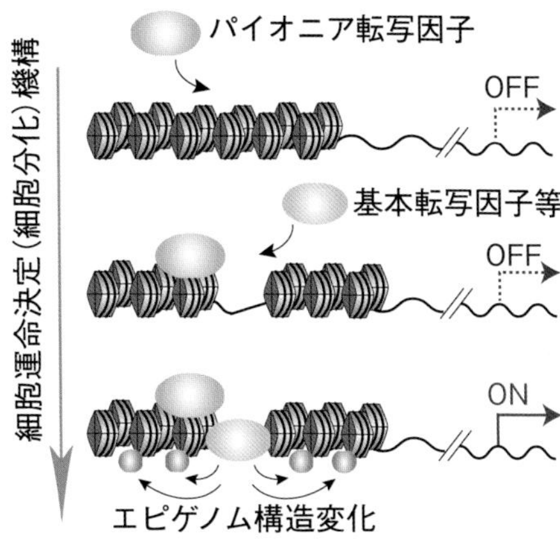

図8-2　減数分裂期への移行を司るパイオニア因子の探索

生体外で生殖細胞への分化を誘導する技術

iPS細胞を用いた再生医学研究の発展から、哺乳類の精子の形成を、生体外（in vitro）で進行させる技術開発が始まっています。しかし、現時点では、マウス以外の哺乳類をつかっての生体外でのin vitro精子形成の方法はありません。近年、ヒトiPS細胞から始原生殖細胞様細胞へと分化を誘導する方法が開発されました。これは、その先の分化段階にあたる、精原細胞や精母細胞への分化を誘導する技術開発にも、つながるかもしれません。

私たちの研究グループでは、これまでに得られた知見をもとに、エピゲノム編集の技術を用

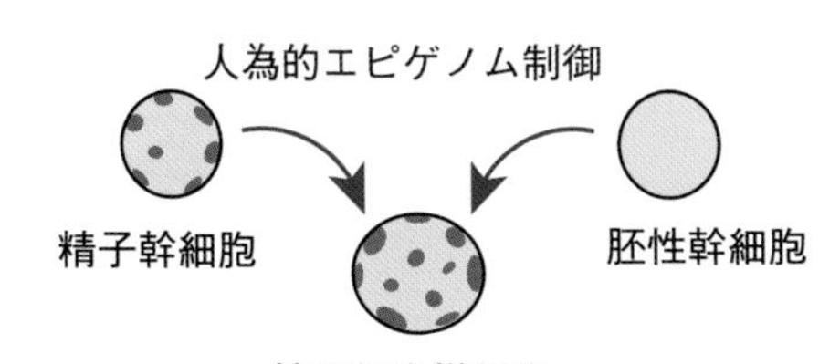

図8-3　エピゲノム編集によるin virto分化制御

いて、精子幹細胞から減数分裂期へと分化を誘導する方法を開発しようとしています（図8-3）。エピゲノム編集技術は、2012年に登場したゲノム編集技術CRISPR-Cas9システムをもとに、標的とするDNA領域の周囲のエピゲノムを人工的に制御する技術です。私たちはこれまでに、減数分裂期への移行にともなって、生殖細胞特異的に変化するエピゲノムを同定しています。これらの領域を標的としたエピゲノム編集を行い、精原細胞から精母細胞へと分化を誘導する技術を開発したいと思っています。また、先ほどの生殖細胞特異的パイオニア因子の導入と組み合わせることにより、もっと効率的に分化を誘導できると考えています。さらに、ブタやウシなどの去勢後の精巣を用いることによって、得られた成果は、医学だけでなく畜産業界にも還元できると考えています。

受精における「亜鉛スパーク」

ここまでは、「配偶子（精子や卵）の形成」に焦点を当てた研究を紹介してきました。次に、「受精（着床）」に焦点を当てた研究を紹介します。

ほとんどの哺乳動物において「受精」は、排卵された卵と精子とが出会う最初のステップで、生命誕生の最も初期に起こるイベントとして考えられています。多くの哺乳動物では、受精現象を体外で起こす「体外受精」が技術として開発され、実験動物や家畜において応用されています。一方、ヒトにおいても体外受精技術は、生殖医療（不妊治療）の臨床現場で用いられています。

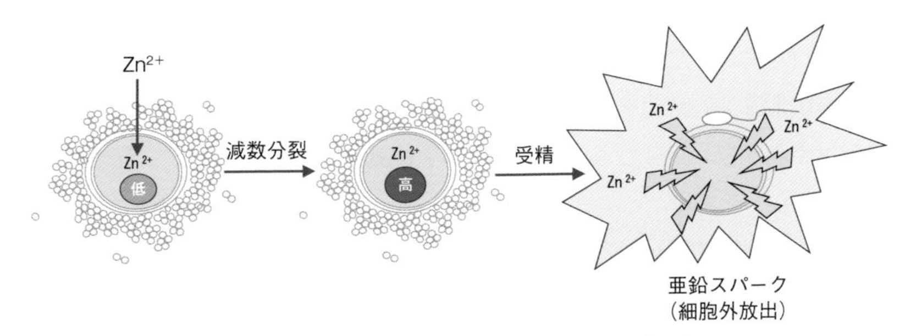

図8-4　哺乳類受精時における亜鉛スパーク

これまでに、哺乳類において精子が卵と出会い、どのようなメカニズムを経て受精が完了し、初期胚発生さらには個体発生していくのかについて、多くの研究がおこわれてきました。多くの動物の受精時において、卵内カルシウムイオン(Ca^{2+})は上昇していることから、受精は、このカルシウムシグナルを中心に論じられてきました。しかし、2005年、マウスおよびヒトの受精時において、亜鉛イオン(Zn^{2+})の卵外への一時的な放出、いわゆる「亜鉛スパーク」が報告されました。カルシウムシグナルだけでなく、亜鉛シグナルも、重要な役割を持つようなのです。それでは、哺乳類の受精において、この亜鉛スパークの役割とは何なのでしょうか？

多くの哺乳類では、排卵前の卵子は、第二減数分裂中期（Metaphase-Ⅱ：MII）で停止しています。そして、卵子に精子が出会うと、表層顆粒の放出から前核形成までの「卵活性化」のイベントが引き起こされます。これまでの報告では、卵活性化のためには、細胞内のカルシウムイオン（Ca^{2+}）の濃度は上昇することが必要だとわかっています。哺乳類の受精においては、「カルシウムオシレーション」として知られている、反復的なCa^{2+}の上昇が起きます。

このように、これまでの受精メカニズムの研究は、Ca^{2+}を中心に考えられてきました。しかし、マウス卵内の亜鉛イオンを除去することによって、Ca^{2+}が上昇しなくても受精できることがわかりました。ただ、この「亜鉛イオンの除去」が、通常の受精時にも起きていることなのかは、わかっていませんでした。その後、マウスの受精時に、亜鉛イオンが卵外に一次的に放出されることが発見され、「亜鉛スパーク」と名付けられました。さらに、ヒトやウシでも亜鉛スパークが起こることが発見され、哺乳類に共通な現象だと考えられるようになりました。近年は、亜鉛イオンは卵の減数分裂中に蓄えられると考えられています。また、亜鉛スパーク時の亜鉛の放出量が、卵のクオリティーを調べる指標になる可能性も示唆されています。

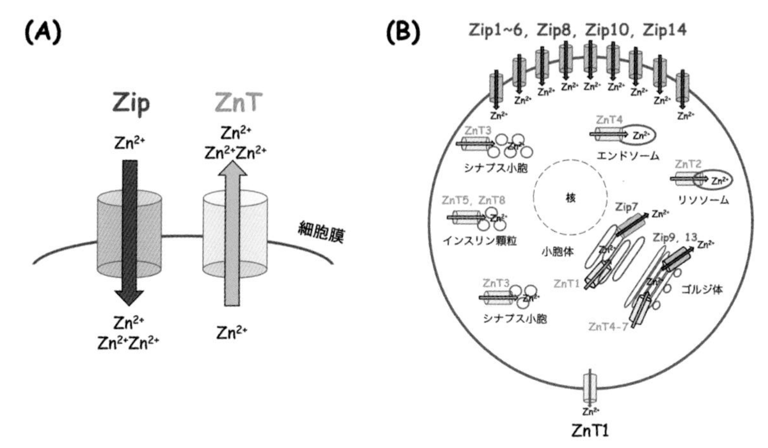

図 8-5　哺乳類における亜鉛トランスポーターの種類（A）および局在（B）

亜鉛トランスポーターのしくみとはたらき

亜鉛イオンの細胞内への流入と流出は、それぞれ亜鉛トランスポーター ZIP およびZnTによって制御されています。哺乳類では、23 個の亜鉛トランスポーター（Zip1 ～ 14、ZnT1 ～ 9）が見つかっています。卵子においても亜鉛の取り込みはZIPによって制御されていると考えられ、マウスの卵では、Zip6 とZip10 が高く発現していることが明らかにされており、私たちも、Zip6 とZip10 のmRNAでの発現と、Zip10 タンパク質の存在を確認しています。さらに、私たちは、Zip10 がうまくはたらかないZip10 KOマウスを作成しました。このマウスは、正常なマウスよりも妊娠しづらかったのです。つまり、Zip10 は、マウスの受精において、重要な役割をもつのだと考えられます。また、Zip10 KO卵をつかった体外受精では、受精率が正常な卵よりも減少しました。亜鉛スパークがこのZip10 KO卵で生じたかどうかは、まだ明らかにはなっていません。しかし、これらの結果は、哺乳類の卵の受精におけるZIPの重要性を示した、初めての報告となりました。

以上のことから、私たちは、カルシウムオシレーションと亜鉛スパークの両方の受精機能を解明することが、生物や生命への理解を深めるだけではなく、生殖工学技術への応用も期待できると考えています。

哺乳類の着床と妊娠のメカニズム

哺乳類では、受精後の胚は、子宮へと移動し、子宮内膜に着床することで、妊娠が開始されます。胚の着床からの胎盤形成までは、子宮内で連続して進みます。このどこかで異常が生じると、胚着床不全、流産、胎児の発育遅延、および、早産となる可能性があります。哺乳類（マウスとヒト）の胚着床と妊娠維持は、女性ステロイドホルモンであるエストロジェン（E2）とプロジェステロン（P4）がコントロールすると考えられています。そのため、E2 および P4 シグナルに続く、子宮内の形態学・生理学的な変化を理解することは、家畜や実験動物、さらにはヒトの胚着床および妊娠率を改善するために、重要だと考えられます。

一方で、胚着床や妊娠には、非常に多くの栄養素が必要だと言われてきました。亜鉛シグナルに関しても、妊娠期に亜鉛が不足すると、自然流産、胎児の発育遅延、先天性奇形および早産などのさまざまな事象に関わっている可能性があります。そのため、母体の亜鉛摂取は、非常に重要と考えられているのです。

これまでの実験動物を用いた研究では、妊娠期間に亜鉛欠乏餌を与えたメスのラットの実験から、妊娠を健康に維持するための亜鉛シグナルの重要性が、ある程度まで明らかになっています。一方で、近年は妊娠を補助する目的として、亜鉛を含有したサプリメントが販売されています。これまでの妊娠初期の亜鉛サプリメント摂取に関する研究報告では、亜鉛が胎児の出生時重量や骨の成長に効果がある可能性が示されています。しかし、過度な亜鉛の摂取は、体内での亜鉛および銅の相互作用に影響を与える可能性もあります。母体の過剰な亜鉛の摂取は、胎児の銅欠乏につながる恐れもあるのです。妊娠期の女性では、さまざまな微量の栄養素が必要とされます。亜鉛もそのひとつと考えられますが、その適切な量と正確な機能については、まだはっきりとはわかっていません。

私たちの研究グループでは、すでに述べた亜鉛トランスポーターのいくつかが、妊娠期のマウスの子宮で発現していることを明らかにしています。さらに、妊娠期間で、その発現量が大きく変化することなども、明らかにしています。いくつかの亜鉛トランスポーター遺伝子を欠損させたメスのマウスでは、妊娠初期や中期で流産してしまうことも、明らかにしつつあります。私たちは、妊娠の維持において、亜鉛シグナルが必須の役割を持つと考えています。

研究がもたらす可能性

以上のように、私たちの研究グループでは、ヒトとそれ以外の哺乳類での共通点の多い「配偶子（精子や卵）の形成」と「受精（着床）」に焦点を当てて、その分子機構の解明を目指してきました。この研究は、生殖サイクルの理解につながるとともに、新しい不妊症の治療にも役立つ可能性があります。家畜の効率的な繁殖にもつながるのではないでしょうか。さらに将来的には、「iPS細胞を用いた生体外精子形成技術の開発」「高妊娠率受胎率を可能とする生殖技術・治療法の開発」「生殖系疾患を回避可能な新規の家畜育種マーカーの開発」などに、応用できるのではないかと期待しています。

キーワード

エピジェネティクスとエピゲノム：エピジェネティクスとは、塩基配列を伴わない遺伝子発現調節機構のことである。ヒトの細胞は、どれも基本的には同じ遺伝情報を持っているが、それぞれの細胞では使う遺伝子と使われない遺伝子の組み合わせが異なっている。この遺伝子発現パターンを制御しているのが、エピゲノムである。

生命って
不思議だね！
亜鉛スパーク？
パイオニア因子？

9 ヒトとイヌの癌幹細胞に発現する共通遺伝子の解析

ヒトとイヌの癌のしくみは共通なのだろうか？
ヒト研究をヒントにイヌの癌発生への理解を深めていく

研究プロジェクト代表者：佐原 弘益
（獣医学部 基礎教育研究室・生物学 教授）

癌（ガン）という病気のもと「癌細胞」

ヒトの体は、37 兆個の細胞からなっているといわれます。そのどんな細胞にも役割があって、腸ではたらく細胞には消化能力があります。脳の細胞には、情報処理する能力があります。それらの細胞たちにも寿命があって、自分の仕事をまっとうして死んでいきます。そして同じ組織に属する細胞が、同じはたらきをする細胞を生み出し、死んでいった仲間の細胞のあとを継ぎます。そんな風に、ヒトの体の細胞たちは、まるで社会のように運営されています。これは、イヌなどの哺乳動物でも、同じ仕組みであると考えられています。

ところが長く生きている間に、遺伝子の変異が起こることが分かっています。遺伝子とは細胞の設計図で「あなたはここで、この仕事をしなさい」と命令する言葉と言い換えてもよいでしょう。普段は正常なはたらきをしている遺伝子ですが、そこに変異が入るのです。変異というのは、本当にちいさなきっかけでも、必ず起こるものです。変異が入った遺伝子は、正常なはたらきとは違う命令をだします。そして、おもに細胞が分裂するための遺伝子に変異が入ると、1 回分裂してあらたに誕生した細胞が仕事につくことなく、また分裂しようとします。すなわち、仕事はしないでいいから分裂しなさい、という異常な命令に変わってしまいます。そうやって分担した仕事も忘れて分裂ばかりする細胞が癌細胞です。癌細胞は、発祥した場所で一杯になると、血管の中を移動して、他の場所でも勝手にすみついて分裂・増殖します。そして、正常に働いている細胞の邪魔をして、組織を壊し、ヒトの命をうばいます。しかし、通常はそこまではいきません。重要な仕事をする遺伝子に入った変異は、すぐに修復されます。また、そのような重要な遺伝子が機能しなくなると、細胞自身が死んでしまって、変異は残りません。免疫細胞に殺されたりして、他の細胞のはたらきに影響を及ぼさないようにもなっています。それでも、一部の細胞は、これらの修復機能の目から逃れて、癌細胞へと変わってしまうのです。

癌の治療について

癌の治療において基本となるのは、癌細胞（癌の組織）を体から取り除くことです。単純に言えば、手術をして、そこを切り取ってしまえばよいわけです。しかし、医師が手で切り取るのには限界があって、手が届きにくいところや、いろいろな組織に散らばってしまった場合などは、切り取ることができません。そのような場合には、癌細胞を殺す薬による治療である「抗がん剤治療」とか、癌に放射線を当てて癌細胞を殺す治療である「放射線治療」があります。放射線を照射すると、細胞の中のDNAが切断されて、その細胞は死にます。これを利用して、正常な部分には放射線を照射せずに、癌細胞だけに照射して癌を殺すのが、放射線治療です。ところが、治療直後は多くの癌細胞が無くなったように見えても、数か月経つと、また癌細胞が出てきます。再発です。

癌細胞がしぶとく生き返るワケ

どうして、癌は生き返るのでしょうか？

癌組織の中には、数が非常に少ない癌幹細胞という細胞がいます。癌組織を

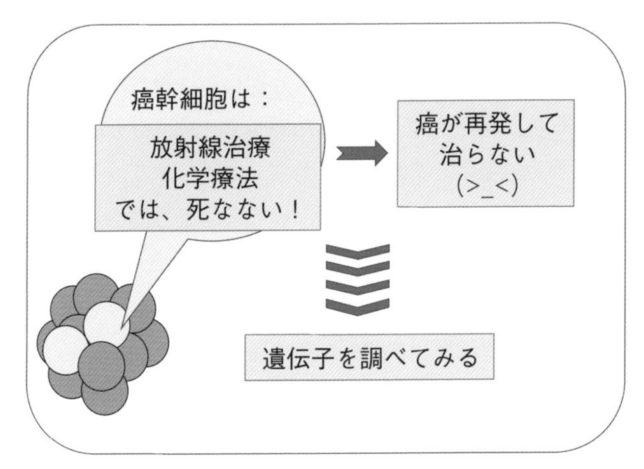

図 9–1　しぶとく生き残る癌幹細胞

ハチの社会に例えると、癌幹細胞は「女王バチ」で、癌組織を形成する多くの癌細胞は女王バチから生まれる「はたらきバチ」にあたります。ところで癌幹細胞は、一般の癌細胞とは違う性質を持っていて、その中のひとつに、放射線に強いという性質があります。すなわち、癌幹細胞に放射線を照射しても、完全には死なずに、また癌細胞を作り出す（増殖）のです。

どうして、癌幹細胞は、放射線に強いのでしょうか？　それは、ヒトもイヌも同じなのでしょうか？

私たちは、そのような疑問をもち、癌細胞の強さの秘密にせまろうと考えました。これが、本研究プロジェクトのねらいです。

イヌの癌細胞のヒミツに実験から迫る

ヒトでは、癌幹細胞の中の抗酸化物質が、他の細胞に比べて多いことが分かっています。抗酸化物質が多いと、放射線の酸化作用によるDNA切断が減ってしまうので、癌細胞を殺す効果が減少してしまいます。

イヌの癌の治療でも、放射線治療がおこなわれています。特に、鼻や口の中にできる癌は、外科的に切除すると、完全な機能回復がむずかしく、手術後の生活に支障を残します。そこで、外科的ではない放射線治療が有効になります。しかし、イヌでも（ネコも同じですが）放射線治療による癌の再発は、めずらしくありません。そこで、私たちは、「イヌの癌でも、ヒトと同じなのではないだろうか？　もし同じような仕組みであれば、ヒトで先行している治療法を、イヌ（ネコでも）でも使えるのではないか？」と考え、研究を始めました。

イヌからも癌幹細胞を発見！

最初に、実際に手術によって切り取られたイヌの癌組織から、イヌ癌細胞株をつくりだして、イヌでも癌幹細胞が存在するのかどうかを調べました。その結果、癌幹細胞がみつかりました。また、これは放射線にも強いこともわかりました。つまり、イヌの癌細胞（癌幹細胞）でも、ヒトと同じような性質を持っていることがわかったのです。

そこで、次に、こうした細胞が、どうして放射線に強いかどうかを、遺伝子レベルで調べることにしました。すると、$CD44_{V8\text{-}10}$という癌幹細胞で発現している遺伝子があることを見つけました。これは、ヒトの癌幹細胞でも発現しているものです。すなわち、ヒトとイヌの癌幹細胞は、同じ仕組みで放射線へ

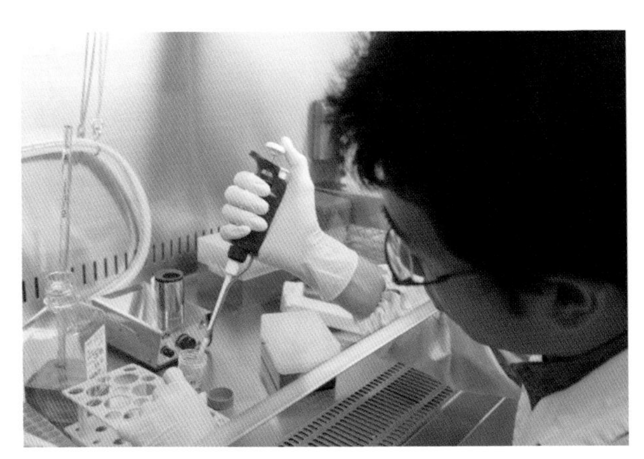

写真 9–1　イヌの癌細胞を培養しているところ

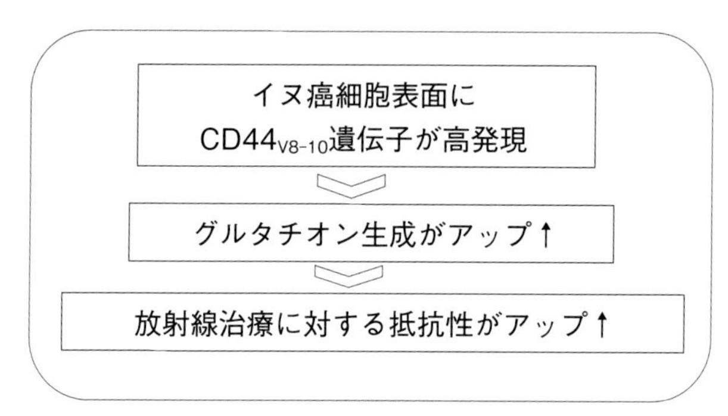

図 9–2　イヌの癌細胞が放射線に耐える理由

の耐性を持っていることが、わかってきたのです。

イヌの癌治療に役立つ

私たちの研究は、将来的に、イヌの癌治療に役立てることができると思います。まず、イヌのCD44$_{V8\text{-}10}$遺伝子が発現していることが明らかとなれば、その分子を標的とした癌治療ができるでしょう。発現を検査することで、癌の早期発見につなげることができます。さらに、このような遺伝子の発現パターンを調べることで、癌の種類に応じた独自の治療も、できるようになるかもしれません。

私たちは現在、イヌのCD44$_{V8\text{-}10}$遺伝子が放射線に強い仕組みに着目し、イヌの癌の治療に活かせるように、さらに研究を進めているところです。

癌幹細胞：癌細胞を生み出す、親玉にあたる細胞（癌幹細胞）。

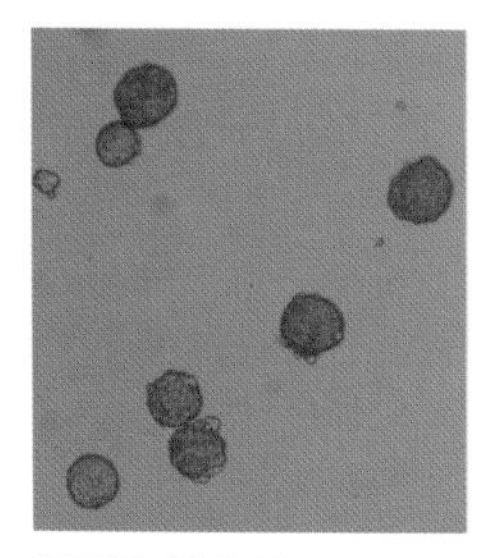

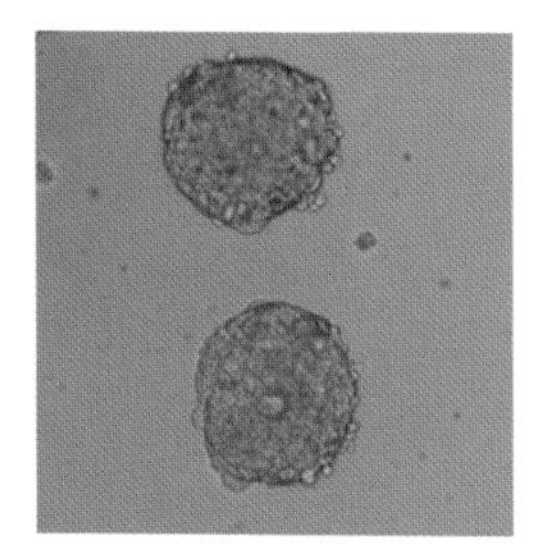

特別な培養法によって、体外で増殖させた癌幹細胞

CD44：細胞の表面にあるタンパク質のひとつ。癌以外の細胞にもあるが、癌にその変異体（V8-10）が悪さをする。

10 イヌ腫瘍リポジトリの構築と遺伝子シグネチャー解析による転移・浸潤ドライバー遺伝子の探索

イヌとヒトのガンはどのくらい似ているのだろうか？
ヒトとイヌの研究を統合してイヌのガン治療を進化

研究プロジェクト代表者：山下　匡
（獣医学部 獣医学科 生化学研究室 教授）

イヌでも高度なガン治療を

私たちの研究グループの目的を一言で表せば、イヌのガンとヒトのガンとの相同性、つまり、似たところを明らかにすることです。実際には、ヒトとイヌのガンに、どのような相同性があるのかについて、約 40,000 の遺伝子の発現を比較解析することによって、ヒトとイヌの間で発現する遺伝子を、ざっく

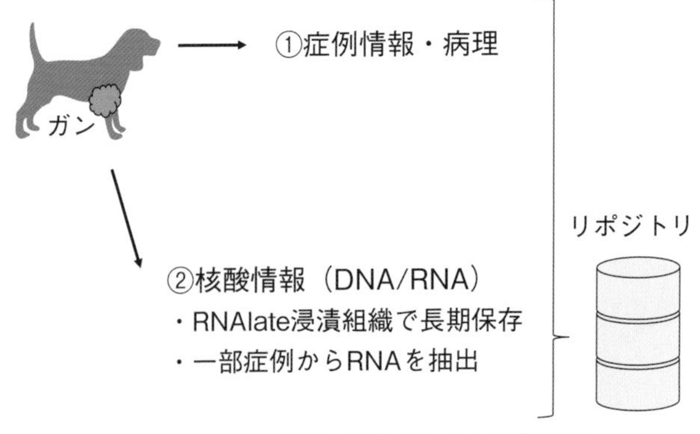

図 10–1　イヌ腫瘍リポジトリの構築とは

ガン組織やガン細胞内に発現する遺伝子群を、
網羅的・統合的にシグネチャーとして捉える研究手法

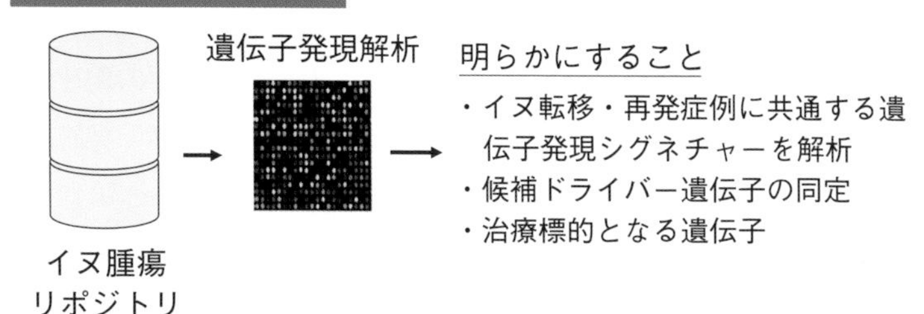

図 10–2　転移性・治療抵抗性に関わる遺伝子発現シグネチャーの解析とは

りと比較解析しています。この研究によって、イヌのガン治療を進化させることや、イヌのガンを治療する薬の開発を、促進・加速したいと考えています。

ヒトの医療では、テーラーメイドのような高度なガン治療が行われるようになってきています。私たちの研究によって、イヌでも、ヒトのように高度なガン治療が実現できるようになるのではないか、ということを期待しています。

ガンに関わる遺伝子はイヌとヒトで似ている

ガンは、ヒトと同じように、ペット（コンパニオンアニマル）のおもな死因です。そして、イヌの乳ガン、悪性黒色種、軟部組織肉腫、血管肉腫、骨肉腫のようなガンの仲間では、ヒトの症例との共通点や類似点が、非常に多いことがわかっています。例えば、NIH（アメリカ国立衛生研究所）の国立ガン研究所にあるガン研究センターでの研究結果においても、イヌとヒトではガンに関連する遺伝子群に、共通性があることが報告されています。

イヌ腫瘍リポジトリの構築を目指す

私たちの研究グループでは、このイヌとヒトとの共通性に着目し、まずは、イヌ腫瘍リポジトリの構築を目指すことにしました。この分野の現在の状況を見ると、イヌ腫瘍データベースの構築は、岐阜大学や東京大学で実施されています。これらの先行研究では、疫学的なアプローチがメインとなっていました。また、実際の患畜に何らかの介入をする研究は、飼い主の同意も必要ですし、ペットに負担がかかる場合もあり、なかなか難しいことです。そこで、私たちの研究グループでは、疫学情報だけではない、「分子腫瘍学的データベース」の構築を目指すことにしました。これを、私たちは「イヌ腫瘍リポジトリ」と呼んでいます。端的に言えば、これまでのデータベースよりも幅広い情報を含む、イヌのガンのデータベースと言ったところでしょうか。

イヌ腫瘍リポジトリの全体像は、図のようになっています。まず、イヌのガンの症例や病理についての情報を、たくさん収集します。一方で、核酸情報（すなわちDNAやRNAが持っている情報）を、たくさん収集めます。こちらの方は、核酸を安定的に保存できる溶液に浸したかたち（RNAlater浸漬組織）で、長期の保存を可能にします。また、一部の症例からは、実際に

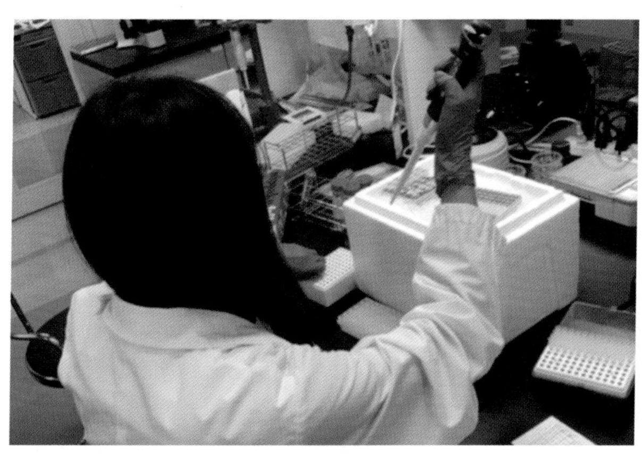

図 10–3　イヌの腫瘍から核酸を抽出しているところ

RNAを抽出して情報を得ます。そして、これらの２つの情報を統合したデータベース＝リポジトリとして構築したいと考えています。

リポジトリを活用した遺伝子発現の解析

これらのリポジトリの構築を前提として、次に、転移や治療抵抗性を持つガンについて、それに関わる遺伝子発現シグネチャーの解析を目指したいと考えています。シグネチャーとは、日本語ではふつう署名やサインと訳されますが、この場合は要するに「目印」のことです。つまり、ガンが生じているときに、特定の遺伝子が実際にはたらいている（発現している）場合に、それを目印とするのです。

私たちの研究グループでは、ガン組織やガン細胞内に発現する遺伝子たちを、網羅的・統合的にシグネチャーとして捉える研究手法を考えています。実際の手順としては、まず、イヌ腫瘍リポジトリから、転移や再発の症例を抽出します。そして、それらの遺伝子発現を解析します。これらの作業によって、シグネチャーの候補となる遺伝子（ドライバー遺伝子）の同定を行うことや、治療の標的となる遺伝子を探ることを目指していきます。

例えば、これまでに、イヌのメラノーマ、皮膚ガン、肝ガン、乳ガン、肺ガンなど、さまざまな症例の組織を入手し、分析を行いました。分析とするサンプルについては、まだまだ増やしていきたいと考えています。

スルファサラジンはイヌのガン治療に有効？

これまでの研究について、その一部を紹介しましょう。

写真は、イヌの悪性黒色種の例です。このような悪性黒色種は、ヒトと同様に、イヌにとっても、放置すれば死に至る重い病気です。しかし、このような悪性黒色種は、治療に対して抵抗性を持っています。また、遠い組織に転移する率も、高いことが知られています。

このような悪性黒色腫の治療に対して、私たちの研究グループはスルファサラジンという物質が効果的ではないか、と考えています。実際に、研究が進むと、スルファサラジンの使用は、抗ガン剤や放射線治療の成果を増加させることが明らかになってきました。

スルファサラジン（SAS）は、1959年代に開発された抗リウマチ薬です。

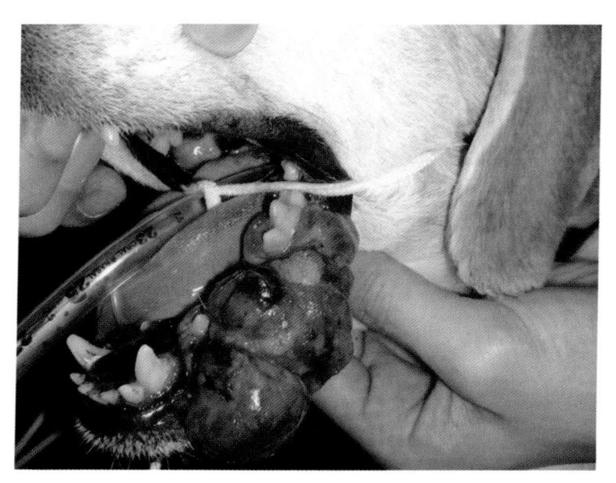

図 10–4　イヌの悪性黒色腫

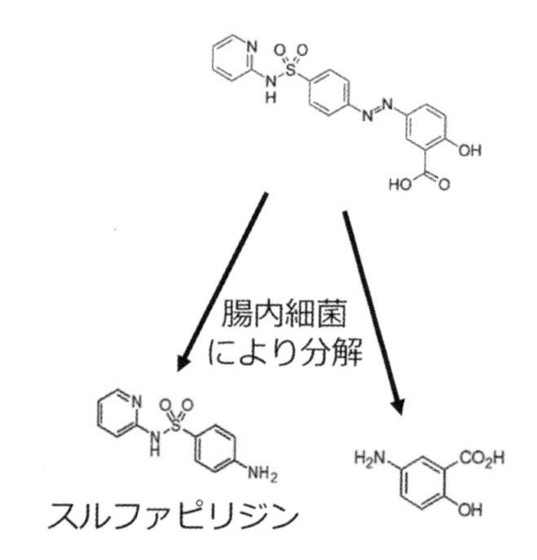

図 10–5　スルファサラジンのはたらき方

これは、腸内細菌により活性化される、プロドラックと呼ばれるタイプの薬です。つまり、図のように、口から体内に入ったあと、腸内細菌によってスルファピリジンとアミノサリチル酸という物質に分解されることで、効果を発揮する薬なのです。このスルファサラジンは、ヒトのリウマチや炎症性腸疾患などの治療に、すでに使用されています。また、獣医分野での医療においても、使用の実績があります。

私たちの研究グループでは、スルファサラジンを用いることが、マウスのメラノーマにおけるDNA修復作用や放射線への感受性を高めることを、実験によって明らかにしました。これは、スルファサラジンの可能性を感じさせる実験結果と言えます。

キーワード

比較腫瘍学：動物とヒトの腫瘍について研究する学問です。近年、ヒトとイヌの腫瘍が、区別できないぐらい似ていることなどが分かってきました。米国では、獣医療において、ヒト臨床試験入り直前の医薬品を投与して、効果を解析する研究プログラムが実施されています。

11 エネルギー浪費タンパク質Ucp1の遺伝子を軸とした動物の生産性向上と保健

ウシなどのUcp1遺伝子の発現制御メカニズムの解明
褐色脂肪細胞をコントロールして肥育や肥満防止に貢献

研究プロジェクト代表者：村上　賢
（獣医学部 獣医学科 分子生物学研究室 教授）

2種類ある脂肪細胞

脂肪細胞には、大きくみると２種類があります。白色脂肪細胞と褐色・ベージュ脂肪細胞です。白色脂肪細胞（一般に脂肪と言われているのはこちらの方です）は、あまったエネルギーを、脂肪として細胞内にたくわえる役割があります。一方の褐色・ベージュ脂肪細胞は、エネルギーを熱として消費する役割があります。つまり、エネルギー代謝の点でみると、これら２種類の脂肪細胞、は正反対の役割をもっているのです。

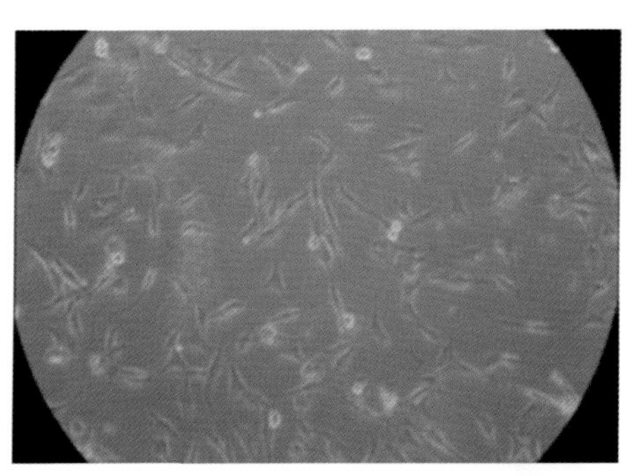

図 11–1　褐色・ベージュ脂肪細胞

褐色・ベージュ脂肪細胞がエネルギーを熱として消費できるのは、この細胞のなかにあるミトコンドリア内膜の上に、脱共役タンパク質（Uncoupling protein）のひとつである「Ucp1」が発現しているからです。ミトコンドリアでは、電子伝達系によってプロトン濃度勾配（膜の内外の水素イオン濃度の差）と酸化的リン酸化反応がともにはたらくこと（共役）で、生命が生きていくのに必要なATPが生み出されます。ところが、このUcp1というタンパク質は、輸送体としてはたらいて、共役を「脱共役」してしまうのです。つまり、プロトン（水素イオン）の流入によって発生するエネルギーを、ATP産生に利用するのではなく、熱に変換して消費してしまうのです。Ucp1は、哺乳類では、一般に、褐色・ベージュ脂肪細胞に特異的に存在すると考えられています。

肥満のカギとなる褐色・ベージュ脂肪細胞

エネルギーを蓄積する白色脂肪細胞を過剰に蓄積することは、肥満につながります。一方で、エネルギーを消費する褐色・ベージュ脂肪細胞は、これまでは、マウスなどの小型げっ歯類、冬眠動物ならびに乳幼児に限定して存在すると考えられてきました。しかし、近年は成人でも存在することがわかり、肥満の予防や治療の切り札として注目されるようになっています。成人の褐色・ベージュ脂肪細胞の発見は比較的最近のことなので、この分野の研究は、まだ十分とは言ません。とくに、ウシやイヌでの知見は、ごく限られています。とは言え、これまでのマウスやヒトでの知見を、そのままこれらの動物に当てはめてよいわけではありません。

最近になって、褐色・ベージュ脂肪細胞の存在は、肥育牛でも明らかにされました。私たちがこれまでに実施した研究では、ウシでは白色脂肪組織、さらには筋組織においてもUcp1が発現することや、筋組織における発現は、筋細胞の周囲に認められることなどを明らかにしました。ヒトの場合には、脂肪がエネルギーとして消費されることはうれしいことかもしれません。しかし、肥育牛でのこれらエネルギー消費細胞の存在は、肥育効率の観点からは、好ましいものではありません。有用性（生産性の向上）という観点からは、この細胞の存在は、ヒトとウシでは正反対の意味を持っているのです。

ペットの肥満が問題になる時代

近年、ヒトの医療と同様に、獣医療においても、イヌやネコの肥満増加が問題視されています。肥満自体は疾病ではないのですが、さまざまな疾病を誘起する因子となる可能性を持ちます。肥満予防こそが、ペットの生活の質（QOL）の向上に役立つと考えられます。

肥満は、エネルギー摂取と消費のバランスが破たんすることによって引き起こされます。つまり、エネルギー収支が、プラスに傾くことによって引き起こされます。肥満の予防には、長期間にわたる食餌制限と、エネルギー消費を高める方法があります。後者については、運動をする以外に、エネルギーを消費して熱を産生する細胞である褐色・ベージュ脂肪細胞を利用することが考えられます。したがって、Ucp1 は、肥満を予防するために研究のターゲットとすべき分子のひとつです。しかし、イヌやネコのUcp1 遺伝子の発現制御については、あまり調べられていません。この要因の解明は、肥満治療・予防に役立つでしょう。

私たちの研究グループでは、動物（ウシ・イヌ・ネコ）のUcp1 遺伝子の発現の解析や、その制御（褐色脂肪細胞への分化の最適化と活性化因子の同定）を解明することを目指しています。さらに、これによって、褐色脂肪細胞の機能の活性化・不活性化がコントロールできるようになることを、最終的な目標としています。具体的には、産業動物としてのウシとコンパニオンアニマル（ペット）としてのイヌ・ネコを対象として、次の２つの課題に取り組んでいます（図 11-2)。

課題１：ウシの生産性向上に向けたUcp1 遺伝子発現制御機構の解明 → ウシの効率的な肥育に役立ちます

課題２：イヌ・ネコの肥満とUcp1 を含む熱産生関連遺伝子群の発現の関係 → イヌ・ネコの肥満解消に役立ちます

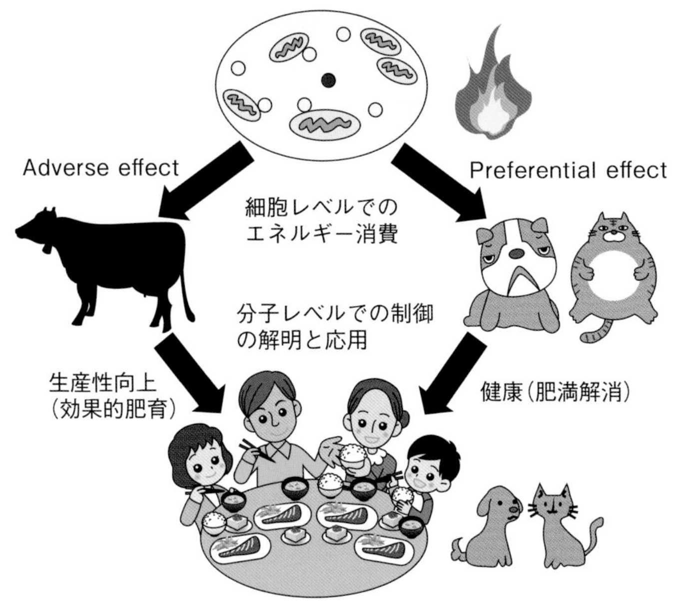

図 11-2　研究の概要と方向性

成果はヒトやイヌ・ネコの健康につながる

課題１の研究によって、Ucp1に関わる多様な遺伝子が、脱共役をおこなう仕組みや役割を明らかにしていきます。そうすれば、ウシのUcp1発現制御を通して、ウシを効率的に肥育する技術のための基盤情報が提供できます。また、課題２の研究によって、イヌ・ネコの肥満度と、褐色・ベージュ脂肪細胞に関連する遺伝子群の発現量との関連を、明らかにしていきます。

さらに、褐色・ベージュ脂肪細胞の分化・活性化に影響をおよぼす因子の発現量も明らかにすることで、エネルギー消費の観点から肥満という現象を理解することができるようになります。イヌやネコは、現代ではヒトと同様に、その健康が第一の関心事となっています。イヌやネコの肥満は、ヒトと共通する大きな問題なのです。これまでは肥満といえば、エネルギー産生・蓄積との関連に着目されてきました。つまり、白色脂肪細胞に関連する遺伝子群の関連から、肥満はとらえられてきました。しかし、私たちの研究グループでは、「肥満はエネルギー消費の低下に起因するのではないか？」という新たな仮説を立てて、研究を進めているところです。

課題１についてのこれまでの成果

これまでの研究成果の一部を紹介しましょう。

課題１については、新しく生まれた子ウシの腎臓の周囲にある褐色脂肪組織からRNAを抽出して、RT-PCR法という方法によってUcp1 mRNAの発現を調べました。これによって、複数種類のバリアント（遺伝子的変異の多様性）が確認できました（図11-3）。Race法などの方法を駆使して、４種類のUcp1バリアント（V1～V4）を発見し、それらの相補的DNA（cDNA）の塩基配列を決定しました。塩基情報は、国際DNAデータバンクに登録しています。これらの発見は、ヒトやマウスのように研究が先行している動物の種でも、まだ確認されていない現象でした。

この他にも、それぞれのバリアントの遺伝子の発現量を、正確に測定する方法（定量的RT-PCR系）を確立しました。さらに、複数の個体のジャージー種、ホルスタイン種、和牛について、褐色脂肪組織、白色脂肪組織、筋肉における、トータルのUcp1発現量を調べました。加えて、それぞれのバリアントの発現割合も計測しました。これについては、品種による差や部位による差とUcp1バリアントの発現量との関係を、明らかにしようとしているところです。

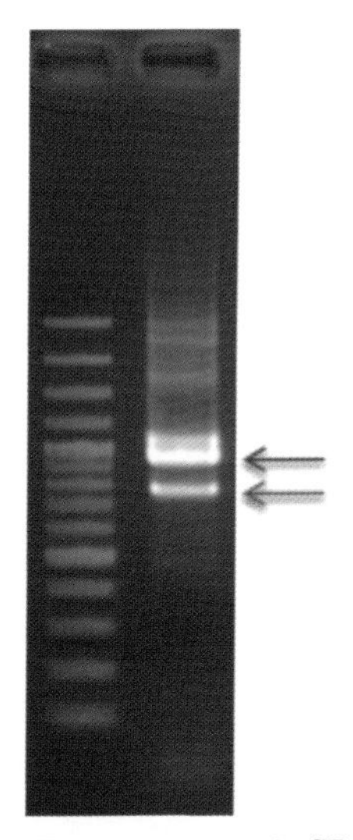

図11–3　Ucp1に関わるmRNAの多様性

また、それぞれのバリアントを発現させるベクター

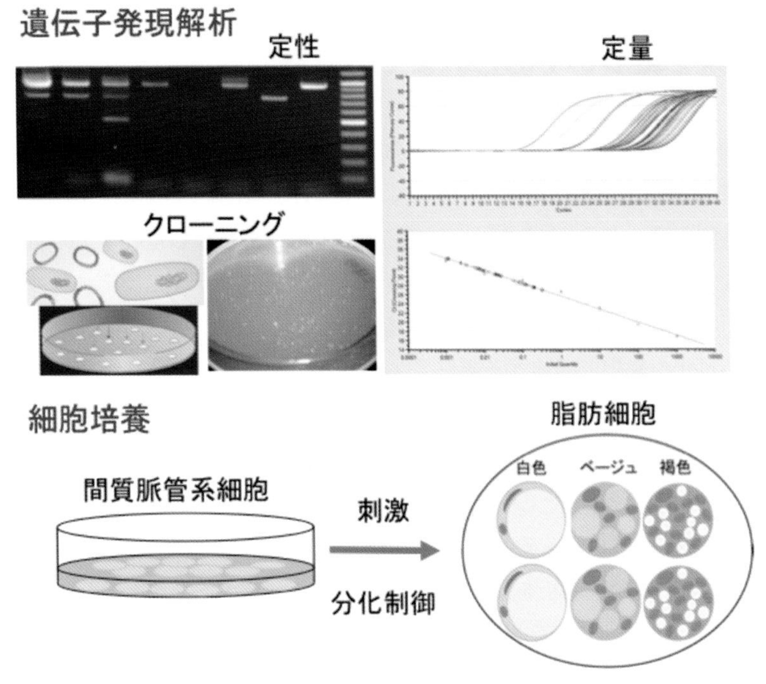

図 11–4　研究の全体イメージ

を作り出し、培養した細胞に遺伝子導入しました。そして、発現ベクターからのUcp1 タンパク質の発現を、ウェスタンブロッティング法という方法により調べました。この結果、Ucp1 V1 が発現していることは確認できましたが、その他のV2 ～ V4 の発現は、検出されませんでした。Ucp1 V2 ～ V4 は、遺伝子が翻訳された後に、すばやく分解されている可能性があります。Ucp1 V1 は、機能を持っていて、Ucp1 V2 ～ V4 タンパク質は、機能をもっていないことも、考えられます。今は、バリアントの脱共役の機能を解析するとともに、翻訳後の動き（翻訳後修飾）についても、検討しているところです。

ウシのUcp1 遺伝子の発現に関するこれまでの成果については、国際的な科学雑誌にも報告する予定です。さらに研究を継続して、ウシのUcp1 発現の制御を通した効率的なウシ肥育技術の基盤となる情報を、提供していきたいと考えています。

課題２についてのこれまでの成果

課題２についても、これまでの研究成果の一部を紹介しましょう。

避妊手術のために動物病院に来院するイヌから、白色（ベージュ）脂肪組織（性腺周囲）からRNAを抽出して、cDNAを合成しました。イヌの脂肪組織のなかのUcp1 mRNA量と、肥満度を示すBCS（ボディコンディションスコア）を含めたカルテ情報との関係、ならびに、ヒトやマウスで明らかになっているUcp1発現と関連する遺伝子（Pparγ, Pgc-1α, Cidea, Cox7a1, Prdm16, BMP群など）のmRNA量の相互関係について、多変量解析などの統計的な解析をおこないました。これらの解析データの一部は、すでに海外の専門学会誌に、論文として掲載されています（Motomura, Mほか 2019）。現在、さらに多くのイヌのサンプルを解析するとともに、ネコの脂肪組織についても同様の実験と解析を進めています。また、イヌの脂肪組織のうち、間質脈管系細胞を取り出して、イヌの脂肪幹細胞を得ることができました。しかし、ベージュ脂肪細胞への分化実験までには、まだ至っていません。今後は、ベージュ脂肪細胞への分化を試み、分化を最適にする条件やベージュ脂肪細胞の活性を調節する因子も同定したいと考えています。

これらによって、エネルギーを消費するベージュ脂肪細胞の活性化を通したイヌ・ネコの肥満解消に向けて、基盤となる情報を提供していきたいと考えています。

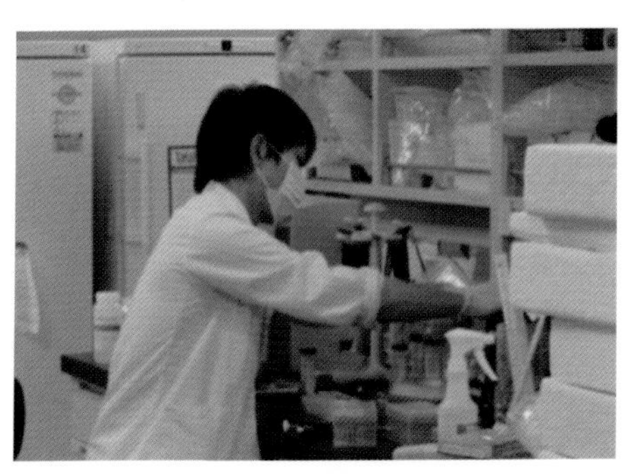
図 11–5　研究のようす

家畜（産業動物）やペット（コンパニオンアニマル）は、ともに、ヒトと共生する動物で、ヒトが健康であり続けるためにも欠かせない動物です。私たちの研究の成果が、より効率的なウシの肥育や、イヌ・ネコのペットの健康な生活に役立てられる

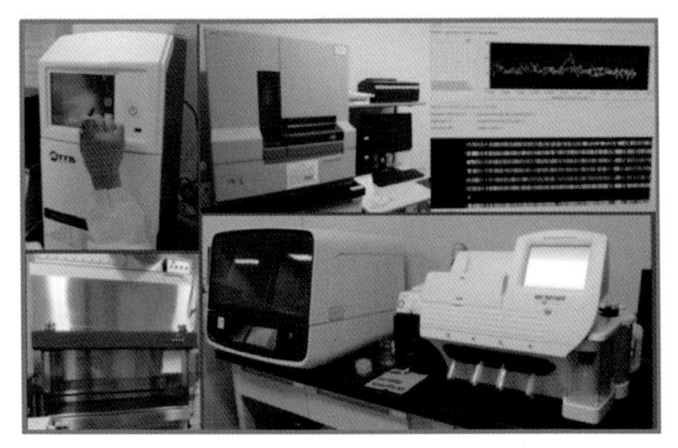

図 11–6　研究で使用する装置の例

よう、今後も取り組んでいきます。

キーワード

脂肪細胞：エネルギーを脂肪として貯蔵する細胞です。一般に脂肪と言われている白色脂肪細胞のほかに、エネルギーを熱として消費する褐色・ベージュ脂肪細胞があります。これらは、正反対のはたらきをしています。

Ucp1（Uncoupling protein 1）：脱共役タンパク質と呼ばれ、褐色・ベージュ脂肪細胞のミトコンドリアのなかで特別なはたらきをすることで、エネルギーを熱に変換して消費させます。

12 動物系統進化を考慮した各種疾患の比較解析に基づく病理発生の解明――病の起源を探る――

様々な動物に共通する疾病を解析して病の起源に迫る
進化系統を考慮したアルツハイマー型認知症の原因解明

研究プロジェクト代表者：村山　洋
（生命・環境科学部 臨床検査技術学科 生化学研究室 准教授）

ヒトと動物に共通する病

ヒトのアルツハイマー病などの病気は、加齢にともなって発症率があがります。そのため、日本のような高齢化社会において、解決しなければならない重要な病気です。これらの病気が発症する仕組みを解き明かすことは、現代社会における大切な課題なのです。しかし、これらの病気の発症に関わっている要因は、遺伝子や生活習慣など、多様だと考えています。私たちの研究グループでは、高齢化社会において緊急の課題となっている病気にできるだけ焦点を当てながら、その発症の仕組みの手がかりを明らかにしたと考えて、この研究プロジェクトを立ち上げました。

ところで、ヒト以外の動物でも、実は、ヒトと同じような病気がたくさん知られています。麻布大学には獣医学部があるので、その情報を、たくさん得ることができます。研究の世界ではよく使われている、実験動物のマウスだけはでなく、多くの野生動物を対象として、病気を調べることができるのです。この利点を生かして、ヒトと動物の間で、共通に見られる病気について調べることで、ヒトの病気の成り立ちを知るきっかけにできると考えました。

アルツハイマー型認知症に着目

高齢者に多い病気の中でも、慢性的で自立の妨げとなりやすい、言い換えると「介護」を必要とする病気があります。特に、認知症、パーキンソン病、脳血管障害などは、本人だけではなく家族も、辛い思いをする場合がある病気です。そこで、私たちの研究グループでは、これらの疾患のうち、認知症、特にアルツハイマー型認知症に着目して、研究を進めることにしました。

認知症に注目したひとつの理由は、高齢化社会のなかで、最も心配されている病気だからです。しかし、もうひとつの大きな理由は、高い知能を持つヒトにだけにしか起こりそうにないと思われている認知症という病気が、実は他の動物にもあることがわかってきているからです。一緒になかよく暮らしてきたイヌやネコなどのペットが、これまで普通にできていたことができなくなってきた、あるいは、行動が不安定になってきた、という経験がある人は少なくないでしょう。実は、野生動物においても、年老いた動物に対して、動物園の飼育係が「あれっ」と思うことは、少なくないのです。動物に対する獣医療の進歩によって、動物も長生きするようになり、高齢化が進んでいます。そのなかで、動物でも、ヒトと同じようなことが起こっている可能性が高いのです。

謎の多いアルツハイマー型認知症

私たちが注目している認知症は、ヒトの場合、そのおよそ半分の患者が、アルツハイマー型認知症です。ドイツのアルツハイマーという医師が初めて報告したことから、この名が付けられました。認知症は、患者の脳のなかに、老人斑と神経原線維変化と呼ばれる特徴的な組織学的病変があらわれ、それと同時に神経細胞が死んで脱落してしまうために、脳のなかに隙間が目立つことが特徴です。この２つの組織学的病変（老人斑と神経原線維変化）は、それぞれ*β*-アミロイド（A*β*）という短いペプチドや、微小管に結合するタンパク質であるタウ・タンパク質が、細胞の外または内側に異常に蓄積することで起き

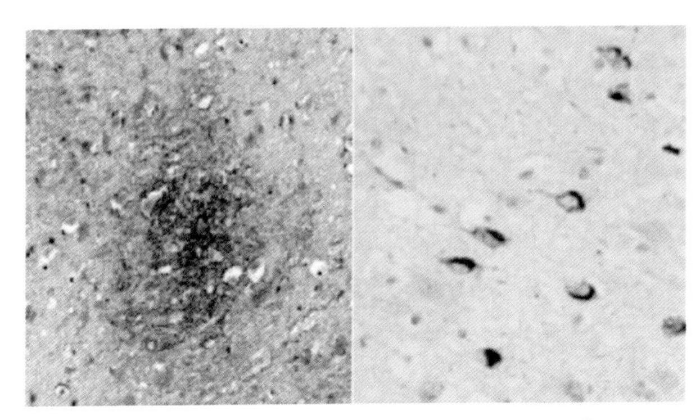

図 12–1　2 つの組織学的病変

（Serizawa S. et al. Veterinary Pathology (2012) 49, 304-312 より）

ます。医療の世界では、アミロイドがたまる病気はアミロイドーシスといい、タウがたまる病気をタウオパチーと呼んでいます。アルツハイマー型認知症では、この両者が一緒に起こっているのが特徴なのです。神経細胞の脱落は、この２つの病変がきっかけになっていると考えられています。ただし、アミロイドーシスとタウオパチーのどちらが、もっとも重要な原因になっているのかは、まだ明らかになってはいません。

動物の研究にヒントが？

さて、野生動物が死亡すると、その動物の詳しい情報を集めて、今後の野生動物保護などに生かしていくことが大切となります。獣医学部のような専門学部では、動物園で死亡した動物たちの病気を調べるための病理学的な分析を、日常的におこなっています。そのなかで、私たちが特に注目したのは、チーターなどネコ科の動物たちです。これまでに、実験動物のマウスを使って、アルツハイマー型のモデル動物が多数生み出されています。しかし、マウスを長期間飼育して加齢にともない自然に発生する病気を調べても、ヒトに見られるアルツハイマー型認知症のような組織病変は生じないのです。ところが、行動が普通ではなくなったと飼育係が記録していたチーターについて、死後の脳を

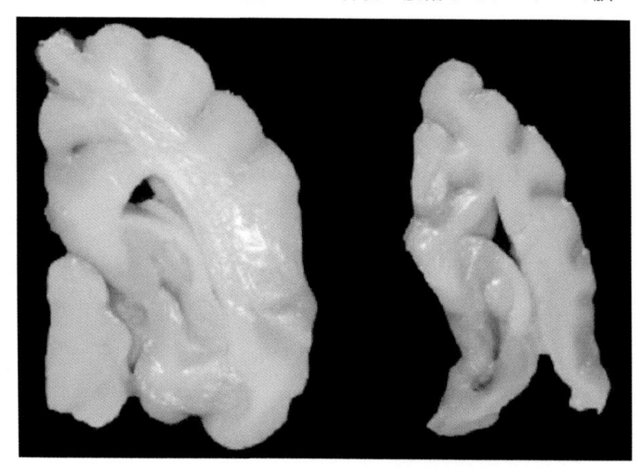

図 12–2　チーターの脳に見られた組織病変
(Serizawa S. et al. Veterinary Pathology (2012) 49, 304-312 より)

調べてみたところ、アミロイドーシスとタウオパチーの両方が認められたのです（図12-1、12-2、Serizawaらの論文Veterinary Pathology (2012) 中の図の一部を引用)。このことからすぐに、すべてのチーターで同じだという結論はだせません。しかし、死亡したチーターの一部に、ヒトに見られる組織病変とそっくりな病変が認められたということは、ヒトの発症メカニズムを調べるうえで、チーターなどのネコ科動物の研究が、大きなヒントになるはずだと考えたのです。

アルツハイマー型認知症はミスフォールディング病

ところで、タンパク質は、アミノ酸が直線状につながってできたヒモ状のポリペプチドが、決まった折りたたまれ方をして、タンパク質に特有の立体的な構造を取ります。この折りたたみのことを、フォールディングと呼んでいます。このフォールディングがうまくできず、異常な立体構造を取ってしまうと、タンパク質は正しくはたらくことができなくなります。この異常な折りたたみによって起こる病気が注目されていて、「ミスフォールディング病」と呼ばれています。そして、私たちが注目するアルツハイマー型認知症も、Ａβとタウの異常な蓄積をともなった、ミスフォールディング病なのです。

それでは、どうして、ミスフォールディングが起こるのでしょうか。どうしてミスフォールディングが起こる人と、起こらない人がいるのでしょうか。その疑問に答えるためのヒントが、チーターの分析から得られるかもしれません。私たちの研究グループでは、そのように考えています。また、チーター以外にもさらに、鳥類から哺乳類にかけて、7目41科48属34種（約100頭）について、病理学的、生化学的、または分子生物学的に調べることで、大切な手がかりが得られるのではないかと期待しています。

これまでの研究成果と今後の課題

私たちの研究グループでは、まず、①異常に蓄積したアミロイドやタウのアミノ酸配列や状態を調べる、②アミロイドやタウの遺伝子配列をヒトと比較する、③蓄積しやすいタンパク質の発現（合成）の仕組みやその遺伝子発現の仕組みを調べる、という３つの研究作業から着手することにしました。

これまでに、チーター以外にも、イエネコや鳥まで多くの動物で、アミロイドが異常に蓄積することを、病理学的に確認しました。また、異常に蓄積する可能性のあるアミロイド（Ａβ）について、アミノ酸配列を調べて、ヒトと比べてみました。しかし、特に蓄積しやすそうな配列の違いは、見つかりませんでした。このことから、アミロイドを異常に蓄積させる、何か別の因子が存在することが想像されます。この因子を見つけるためには、アミロイドが蓄積した動物と、蓄積していない動物を、よく比較する必要があり、現在分析を進めているところです。

一方、チーターは、タウオパチーが自然に起こる動物としてわかりましたが、必ずしも他の動物で、同じようにタウオパチーが認められるとは限りません。この点は、多くの動物で蓄積することがわかっているアミロイドとは、違った点です。なぜ、チーターではタウオパチーが起こり、例えば、マウスなどの動物では起こらないのでしょうか。この疑問に答えることは、認知症が発症する仕組みを理解するための、非常に重要な手がかりかもしれません。

なぜ、タウが異常に蓄積するのしょうか。現在のところ、リン酸が過度にタウに結合するためではないかと考えられています。タウにリン酸を結合させるはたらきをする「リン酸化酵素」のうち、GSK3 βというものについては、加齢にともなって脳のなかの量が増えるという報告があります。これは、加齢にともなってタウオパチーになっていくことと、矛盾しない話です。しかし、チーターで調べたところでは、GSK3 βがはっきりと多くなっているとは、言えなかったのです。そのため、リン酸の結合（リン酸化）以外の原因で、タウの量が増えるか、または、蓄積しやすいタイプのタウが多くなることが、考えられます。つまり、タンパク質の合成の基盤である遺伝子発現の調節が、どのように変化しているのかが、ポイントだと考えられます。

私たちは、タウ遺伝子の発現調節に関わる因子も含めて調べるために、まず遺伝子発現の最初のステップ（RNA合成＝転写）に影響することが注目されているDNAメチル化を分析しようと、チーターの染色体ゲノムDNAの配列解読を進めているます。この結果を土台にして、タウオパチーが起こったチーターと起こらなかったチーターで、DNAメチル化の様子を比較することにしています。まずは、タウ遺伝子と、そのリン酸化酵素の発現について、調べる予定です。

また、私たちの研究グループでは、分子レベルの解析に先立って、病理学的な解析を進めてきました。具体的には、ミスフォールディング病以外の病気で、ヒトと共通して見られる病気にかかった動物を、くわしく調べてきました。これらの対象は、いずれも人為的に生み出した動物ではなく、自然に発生した疾患モデル動物を用いています。例えば、多発性腎嚢胞症、ヘモクロマトーシス（鉄代謝の異常）、頭蓋骨縫合早期癒合症（狭頭症）などの解析を、並行して進めていて、関連する遺伝子との関係を調べています。

ヒトや動物の認知症の起源が明らかに？

以上が、私たちの研究グループで取り組んできた研究の紹介です。研究の様子を示す写真（図 12-3・4）を見てください。動物を解剖して分析する作業

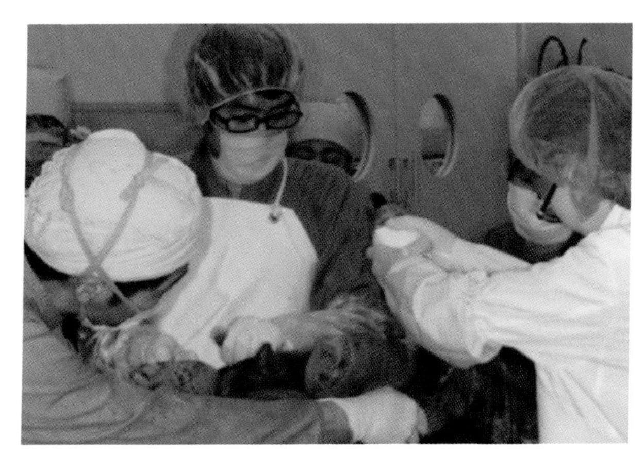

図 12–3　学生とともにゾウガメを病理解剖しているところ

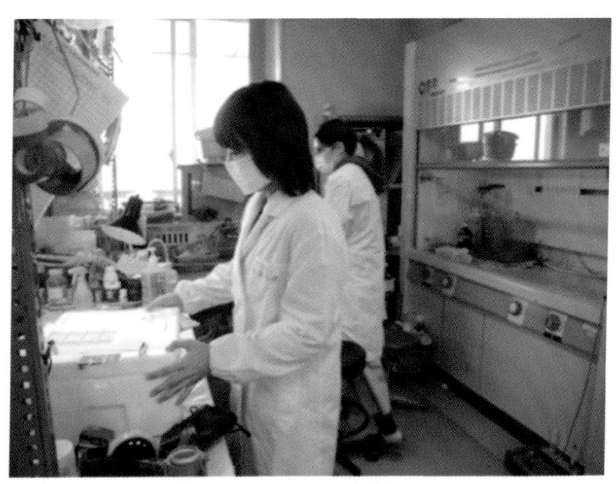

図 12–4　解析用のサンプルの処理をしているところ

や、実験室での解析作業など、さまざまなアプローチを駆使して研究に取り組んでいます。

私たちは、このようにヒトと共通の疾患を、病理学的な解析を入り口として分析して、そこからタンパク質や遺伝子のレベルに落とし込んで解析することで、ヒトの病気の成り立ちの仕組みを明らかにできると考えています。特に、いま進めているゲノムDNAの解析は、アミロイドーシスやタウオパチーに関係する複雑な要因を、明らかにできるかもしれません。ゆくゆくは、ヒトや動物の認知症が、進化の歴史のなかでいつ生まれたのか、その起源を知ることができるかもしれないと、期待しています。

キーワード

アルツハイマー病：認知症を起こすヒトの重要な疾病。病理学的には、老人斑、神経原線維変化、大脳の萎縮を特徴とする。これまでは、ヒトより寿命の短い動物では発生しないと考えられていた。しかし、わたしたちの研究グループは、世界で初めて、チーターで自然発生性のアルツハイマー病を発見した。獣医療の進歩によってペットなどの動物が高齢化していくと、他の動物でも、アルツハイマー病は問題になっていくかもしれない。

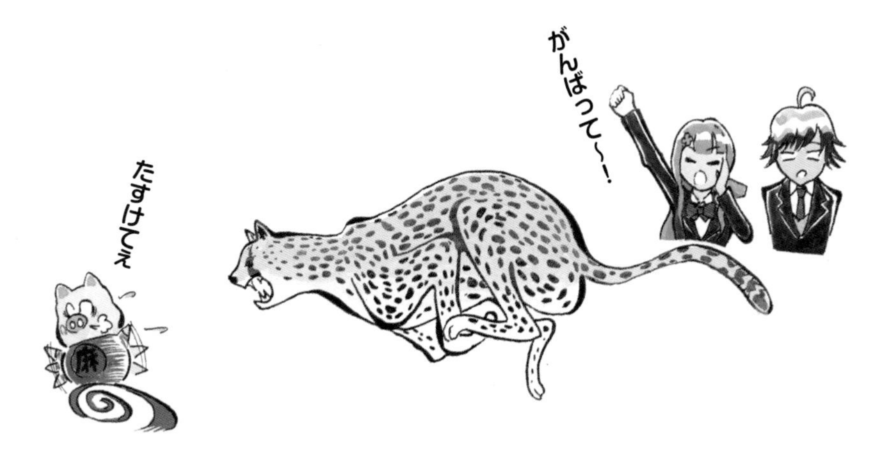

第Ⅲ部

•

ヒトと動物との微生物クロストーク

ヒトと動物がともに健康に暮らすために、喘息・免疫疾患・肥満・心身の発達などに影響を与える微生物叢(そう)（カビや細菌の集合）を探っています。さらに、ヒトと動物を同時に調べて、共通する微生物叢を明らかにします。

13 細菌叢（そう）クロストークに着目したイヌとの共生によるヒト健康促進機序の解明

イヌとの共生はヒトの健康にどのようにつながるの？
異なる動物の間での細菌叢のクロストークのしくみは？

研究プロジェクト代表者：茂木 一孝
(獣医学部 動物応用科学科 伴侶動物学研究室 准教授)

ヒトとイヌとの長い歴史

私たちのそもそもの興味は、ヒトとイヌの共生の謎です。私たちが食料としているウシやブタなどと比べると、ずっと古い１万年以上前から、イヌは私たちと共生してきたと考えられています。たとえば、イスラエルにある１万２千年前のアイン・マラッハ遺跡（高貴な人々のお墓）では、イヌを大事そうに触っているようすで、イヌといっしょに埋葬されているものが発掘されています。

私たちは、なぜイヌとこれほど長い間、共生しているのでしょうか？　それは、イヌとの共生が、私たちにさまざまな恩恵を与えてくれるからだと思います。科学的に考えてみた場合、イヌと散歩することは、肥満や循環器障害の改善に役立つでしょう。イヌを含んだ他の動物と暮らすことで、さまざまな微生物にふれることによって、免疫系が強まるという「衛生仮説」というものもあります。喘息のリスクが低下したり、アトピーが軽くなったりするということです。この他には、痛みを軽くしたり、不安な心を和らげるという、いわゆるメンタルヘルス（心の健康）を促進するという効果があります。私たちの興味は、ここにあります。

オキシトシンを介したヒトとイヌの「きずな」

では、イヌとの共生は、どのようにヒトのメンタルヘルスを促進するのでしょうか？　私たちの研究チームでは、2015年のサイエンス誌に、ヒトとイヌのきずな形成の仕組みに関する論文を発表しました。イヌを飼っている方はみなさん感じていることだと思いますが、イヌはいろいろな場面で、飼い主の目をじっと見てきます。じつは、このようなヒトの目を見つめるという行動は、他の動物には見られない行動なのです。そして、そのようにイヌからじっと見られると、ヒトの脳の視床下部という部分の神経が活性化して、オキシトシンというホルモンが分泌されることを発見しました。このオキシトシンは、脳に作用すると、母性を高めたり、仲間への信頼を高めたりします。これにより、ヒトは見つめてくるイヌによく触ったり、話しかけたりするようになります。

じつは、オキシトシンは仲間にやさしくなでられたりしても分泌されるので、イヌの方でもオキシトシンが分泌され、そうするとさらにヒトをよく見るようになります。このようにオキシトシン分泌が共に高まっていくことがヒトとイヌがはなれられないきずなを生み出すのです。オキシトシンにはさらに、不安やストレスを軽くする効果や、痛みの感じ方を和らげる効果もあります。このように、ヒトとイヌのきずなが、ヒトのメンタルヘルスの促進に役立っていると考えられます。

腸内の細菌とメンタルヘルス

一方、私たちの心は、脳だけではなく、お腹にある腸からも、大きな影響を受けています。このような脳と腸がお互いに影響し合っていることを、科学的には「脳腸相関」と呼んでいます。たとえば、私たちは何か心配ごとがあったりすると、お腹の調子が悪くなったりしますし、反対に快便だと気持ちもスッキリです。この脳腸相関は、いま科学的に大きく注目されています。というのも、腸内には何千種という細菌がいますが、遺伝子解析技術の進歩で、遺伝子の断片から細菌を特定できるようになり、細菌叢（ある特定の環境で生きているカビや細菌などの集まり）の状態を、まるごと解析する技術が進みました。その結果、たとえば、腸内の細菌が、さまざまな病気からメンタルヘルスまで、幅広く影響することがわかってきたのです。さらに、乳酸菌の中には、ヒトとイヌのきずなを生み出すオキシトシンの分泌をうながすものがあることもわかってきました。

最初にふれたように、ヒトとイヌは、１万年以上の長い共生の歴史があります。そこで、「ヒトとイヌの細菌叢は、異種の動物でありながら、お互いに影響しやすくなっているのではないだろうか？　そのことによって、ヒトはますますメンタルヘルスに有用な細菌をもつようになったのではないだろうか？」という仮説を、私たちは持つようになりました。

マウス実験の結果から①　大人になるまでにとくに重要

その実証に向けて、私たちは、まず実験動物を使って、細菌叢がメンタルヘルスへおよぼす効果を研究しています。これまでわかってきたこととして、細菌叢は、とくに大人になる前の「発達期」のメンタルヘルスに重要だということです。そのことを示す実験を、細かいデータにはふれずに、２つ紹介しましょう。

まず、SPFマウスという、特定の病原体をもっていない、いわゆるふつうの環境にいるマウスがいます。一方で、腸内細菌などあらゆる細菌がいない無菌の実験動物を作り出して、無菌の環境で飼育することもできます。これは、Germ（細菌）からFree（自由の身）ということで、GFマウスと呼びます。どちらのマウスも、子どもを産ませて３週齢で離乳し、その子供が成長して大人になった９週齢でテストします。なお、GFマウスでは、３週齢までは無菌環境ですが、そこから先は普通のSPF環境に移動します。このテストでは、マウスを少し広めの場所に入れて、行動を観察しました。一匹一匹の行動を追跡して、どこに長時間いたのかということがわかります。

その結果、SPFマウスは、どの場所にもかたよりなくさまざまな場所ですごす、ということがわかりました。それと比較すると、3週齢まで無菌だったGFマウスは、中央のオープンな場所よりも、壁沿いの端の方に多くいました。マウスは、不安が高いとオープンな場所に出ず、端にいるということが知られています。さらに、それぞれの個体がほかの個体とどれくらいの距離でいたかを調べると、GFマウスとGFマウスの組み合わせで、一番距離が大きいという結果でした。これらは、幼少期の無菌状態は、不安を高め、他個体との親和性を妨げる、ということを示しているように思われます。

マウス実験の結果から②　親の細菌叢が子に影響する

2つ目の別の実験では、ふつうのSPFマウスを使いました。やはり、出産させてその子どもたちをテストします。ただし、同じ母親から生まれた兄妹の半分は通常のように28日齢で離乳しましたが、残りの半数はより早く14日齢で離乳しました。じつは、この処置をすると、同じ兄妹の間でも、それらがもつ腸内細菌が大きく異なってしまうのです。それらを、大人になる前の発達期である4週齢と、大人になった8週齢で、それぞれテストしました。そして、テイルサスペンションテストといって、少しかわいそうなのですが、マウスの尻尾をクリップではさんで、6分間もちあげるというテストを行いました。こうすると、マウスは逃れようとジタバタ動きますが、止まって動かない時間(不動時間)の長さを測定します。

これまでの研究では、鬱(うつ)の傾向が強いマウスほど、すぐにあきらめてしまい、不動時間が長くなることが知られていました。私たちの実験では、4週齢という大人になる前のテストでは、早めに離乳したマウスほど、不動時間が長くて鬱の傾向が強い、ということがわかりました。では、この結果に、早めに離乳したことによる腸内細菌の変化は、関係しているのでしょうか？　このことを確かめるために、通常の時期に離乳したマウスと、早めに離乳したマウスの糞便から菌液をつくりました。そして、それぞれを無菌のGFマウスの親に飲ませて、腸内細菌を移殖しました。親に移植した菌は、その子のマウスにも移ると考えられます。そのような子マウスを、どちらも通常の時期に離乳し、先ほどと同様に、4 週齢、8 週齢でテストしました。すると、4 週齢でのテイルサスペンションテストにおいて、早めに離乳したマウスの糞便からの菌が移植された親から生まれた子マウスの方が、不動時間が長かったのです。

つまり、鬱の傾向が強かった、ということです。私たちは、テストしたマウスの腸内の細菌叢を解析してみましたが、両者は少なからず異なっていました。これらの研究結果は、母との関係が子の腸内の細菌叢を変化させることと、そのことが大人になる前の発達期の鬱の傾向に影響することを、示しているように思われます。

ヒトとイヌの細菌叢も影響しあう

少しマウスの話が続きました。ここで、イヌとの共生のお話に戻りましょう。もし、イヌとヒトでも、お互いの細菌叢が影響しあっており、そのことでメンタルヘルスへの影響があるとすると、ヒトにおいても発達期の方に、影響がより強く出てくるかもしれません。

私たちは、このことを調べるために、東京ティーンコホートという大きな規模の疫学調査に参画しています。これは、東京都医学総合研究所が主催しているもので、おもに思春期のメンタルヘルスを調査するために、世田谷区・調布市・三鷹市で約 3000 人の児童を 10 才から追跡している疫学調査です。私たちは、その中の約 370 名の児童に、研究所まで来ていただき、さまざまな調査を行っています。そこでは、動物飼育についての詳細なアンケートや、その児童の細菌叢のサンプルも採取しています。

10、12、14 歳の時点での調査のうち、14 歳時点の結果については、解析はまだまだこれからという段階です。そのため、現時点での、まだザックリとした解析なのですが、10 歳と 12 歳の時点でイヌの飼育経験があるかどうかが、どのように他のアンケート結果に影響が出るかを見てみました。興味深いことに、現時点では、おもに男子に、イヌ飼育の影響が見られました、具体的には、イヌの飼育経験があると、ひきこもり、不安・抑うつが少なく、社会性・思考・注意の問題も少なく、攻撃的な行動も少ないという傾向があるようです。これらのことから、イヌの飼育は、とくに男子の発達期においては、メンタルヘルスによい影響がありそうです。現在は、彼らの細菌叢の解析も進めていて、イヌ飼育の影響によって細菌叢がどのように変化するのかを調べている段階です。

本当にヒトとイヌの細菌叢が影響し合ってこのような効果を生み出しているかを明らかにするには、まだまだこれから多くの解析が必要です。それでも、イヌの細菌叢には、ヒトに限らずメンタルヘルスによい影響があるかもしれない、ということを示すような実験結果も出てきています。

イヌの唾液から得た細菌をマウスへ

これは、まだおおざっぱな段階の実験ですので、結果をはっきり言うにはまだ早い段階だという前提で、少し紹介しましょう。まず、イヌの唾液を集めて遠心分離機にかけ、細菌を含む沈殿物をPBS（リン酸緩衝生理食塩水）に溶かします。この、イヌの唾液に由来する菌液を、マウスに対して経口ゾンデという管を使って、9週齢から11週齢まで2日間に一度、計7回投与しました。このとき、投与したマウスのケージには、まったく処置をしない同居マウスも、1匹いるようにしました。

マウスへの投与の前後に、腸内の細菌叢を解析すると、イヌの唾液に由来する菌液によって、投与マウスの細菌叢が変化します。その細菌の変化は、同居マウスにも移り、同居マウスの細菌叢も、投与マウスと同様になります。そして、このような経口ゾンデでの投与は、マウ

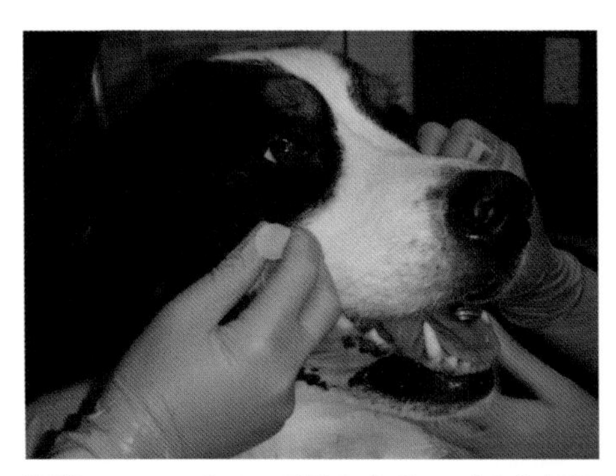

写真 13–1　イヌの唾液からサンプルを採取するようす

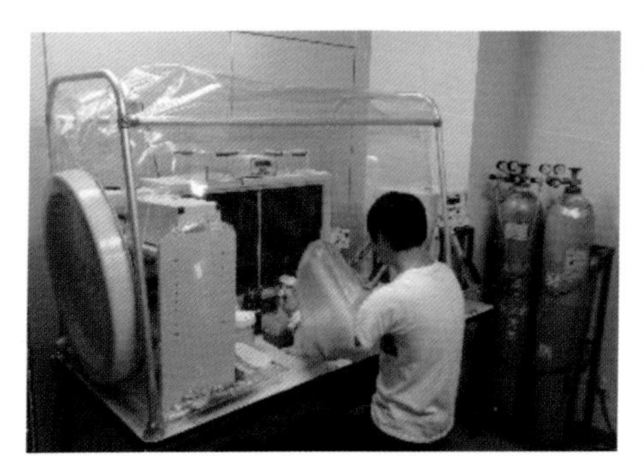

写真 13–2　細菌を分離培養する作業

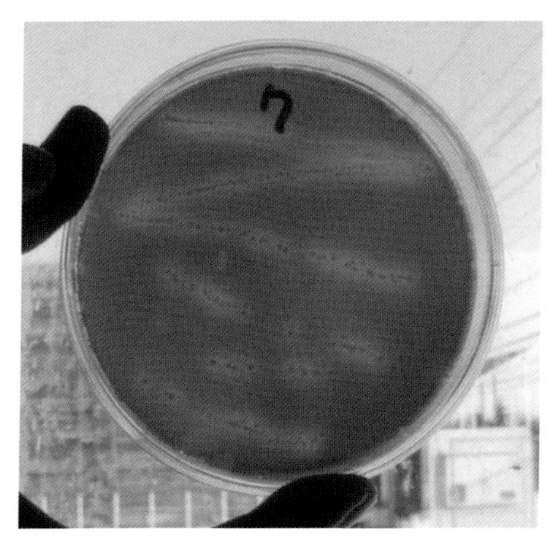

写真 13–3　分離された乳酸菌コロニー

スにとっては少しストレスのかかる方法なので、菌液ではなくPBSだけを投与したマウスでは、糞の中のストレスホルモンが投与を続けるごとに上昇していきました。

ところが、イヌの唾液に由来する菌液を投与していると、このようなストレスホルモンの増加は見られませんでした。また、同居マウスは、腸内の細菌叢は投与マウスと同様になるはずですので、このような投与の処置はせずに脳内のオキシトシン量を解析してみました。すると、PBSを投与した方の同居マウスに比べて、イヌの唾液に由来する菌液を投与した方の同居マウスでは、オキシトシンが増加していました。これらの結果から、イヌの唾液に含まれている細菌には、ストレスを抑え、オキシトシン産生を増加させるものがある、ということが考えられます。

進んだ技術でさらなる探究へ

これまでの私たちの研究によって、イヌの口腔内の細菌を分離培養する技術の開発も進みました。イヌの口腔や母乳、腸内からの乳酸菌の分離も、進んでいます。今後は、先ほどふれた東京ティーンコホートの研究で得られた結果を解析していくとともに、メンタルヘルスの促進に効果のある細菌をさらに探っていきたいと考えています。

キーワード

東京ティーンコホート　http://ttcp.umin.jp/：東京都医学総合研究所が中心となって実施する、思春期のメンタルヘルスの発達を調査する大規模な疫学調査。具体的には、世田谷区、調布市、三鷹市に住む子ども（10・12・14歳）とその養育者（おもに母親）を対象として、ふだんの生活や健康に関わる事柄についてのアンケート調査を行う。2012～2014年にスタートした10歳時点の調査では、4478世帯が協力し、2014～2016年の12歳時点での調査では9割以上が継続して参加している。

14 イヌの細菌叢(そう)からのアレルギー抑制細菌の探索

乳幼児期のペット飼育はアレルギーを予防する？
ペット由来のアレルギー抑制細菌を発見する

研究プロジェクト代表者：阪口 雅弘
（獣医学部 獣医学科 微生物学第一研究室 教授）

清潔すぎる環境で育つのはアレルギーの原因に？

1999年、乳児期にペット（ネコ・イヌ）を飼育すると、学童期の気管支喘息にかかる率が低いことが、初めて報告されました。この報告により、「イヌを乳児期に飼育すると学童期のアレルギー発症が低くなる」という仮説が立てられました。これは、「環境が清潔すぎると、アレルギー疾患が増える」という「衛生仮説」にもつながり、注目を集めました。

衛生仮説は、古くは1989年に、英国のある疫学者が提唱した、アレルギーの発症に関する考え方です。この時の英国人を対象とした調査では、花粉症の割合が、兄弟姉妹の数、特に年長の兄弟姉妹の数に、反比例することが報告されました。年長の兄弟姉妹を持つ子どもは、その影響を受けながら行動します。そうすると、結果として、幼少時の成育環境において細菌やウイルスに感染する頻度が多くなる、つまり、たくさんの細菌やウイルスにさらされることになります。逆に言えば、感染暴露が少ないこと、つまり衛生的であることが、一般的な常識には反して、アレルギーの発症原因になるのではないか、ということです。これが、衛生仮説とよばれるものです。

その後、乳幼児期におけるペットの飼育が、アレルギーの発症を抑えるはたらきがあるとする研究が、欧米の有力な研究グループから相次いで報告されました。さらに、2015 年には、2001 ～ 2010 年にスウェーデンで生まれた子ども約 100 万人について、「生まれて 1 年以内に動物と接触すること」と「喘息」との関連を調べたところ、喘息になる危険性が低下することが分かりました。

微生物クロストークとは

もしこの仮説のような傾向があるとすれば、どのようなしくみで起こるのでしょうか。そのメカニズムとして、ペットに由来するアレルギー抑制細菌や、細菌に由来する物質などが、乳幼児に対して何らかの影響を与えるのではないか、という可能性が考えられました。

動物の消化管等には、多くの細菌や真菌、寄生虫、ウイルスといった微生物が集合体となって生息しています。これらを総称して、微生物叢（マイクロバイオーム）と呼びます。病気にかかると、多くの場合で、微生物叢が健常な者とは異なっているので、疾患の発症や進行と微生物叢との間には関連する可能性があるのです。実際に、なおりにくい下痢の症状をしめす偽膜性腸炎などの

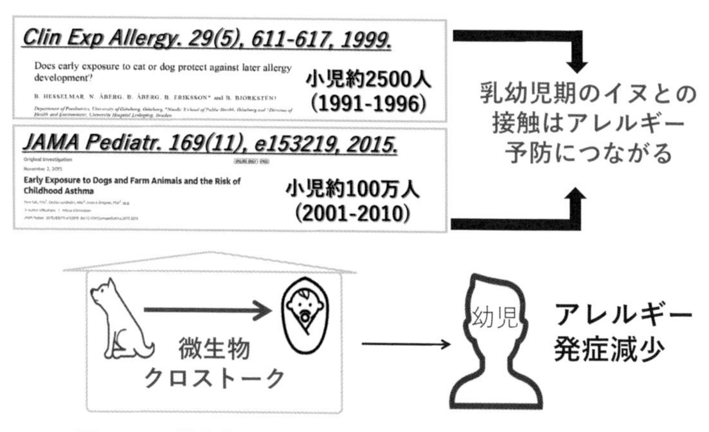

図 14–1　微生物クロストークでアレルギー予防の可能性

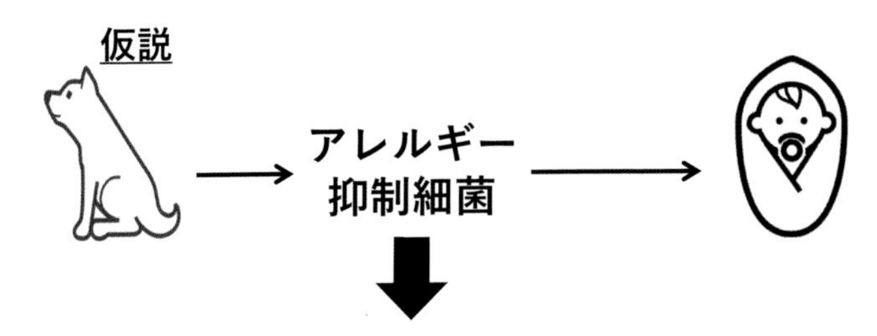

図 14–2　仮説に基づきアレルギー抑制菌の発見を目指す

疾患について、糞便からの微生物叢を移植するという臨床試験が実施されています。このような、宿主と微生物叢との相互作用を、私たち研究者は、微生物クロストークと呼んでいるのです。

イヌのアレルギーは呼吸器よりも皮膚に

しかしながら、現在、どのようなイヌの細菌が、ヒトのアレルギーを効果的に抑制するのかは、まだ明らかになっていません。アトピー性皮膚炎をはじめとするアレルギー疾患は、ヒトのみならずイヌにおいても多く存在します。アレルギーの発症のメカニズムは、ヒトもイヌも、同じだと考えられています。例えば、イヌにおいても、ヒトと同様に、スギ花粉症やダニアレルギーが確認されています。ただし、イヌの場合、ヒトのような鼻炎の症状が見られるものも少ないながらいますが、多くはヒトの場合と異なり、おもに呼吸器よりも皮膚にアレルギー症状が認められます。米国で報告があったブタクサ花粉症のイヌでも、同じようすがみられ、ヒトの花粉症に特有の呼吸器症状は少なく、アレルギー性皮膚炎がおもな症状でした。つまり、イヌの場合、まだその理由はわからないのですが、アレルギーの起こる部位が、ヒトとは違っておもに皮膚であると考えられるのです。

アレルギー抑制細菌の候補を分離する

上述したアレルギー抑制細菌が、もしイヌに存在するならば、その細菌が存在するイヌは、アレルギーになりにくいと考えられます。ヒトとイヌがともに進化してきた歩みや、ヒトとイヌでの疾患の共通性を考えれば、同じアレルギー抑制細菌を、ヒトとイヌでそれぞれ保有している可能性があります。

そこで、私たちの研究グループでは、アレルギー抑制細菌の発見を目指して、麻布大学の強みであるイヌを利用して、微生物クロストークによるアレルギー抑制効果を検証することにしました。具体的には、まず、イヌの微生物叢の解析をおこなって、アレルギー症状のないイヌからアレルギー抑制候補細菌を分離します。次に、分離されたアレルギー抑制候補細菌を、アレルギーマウ

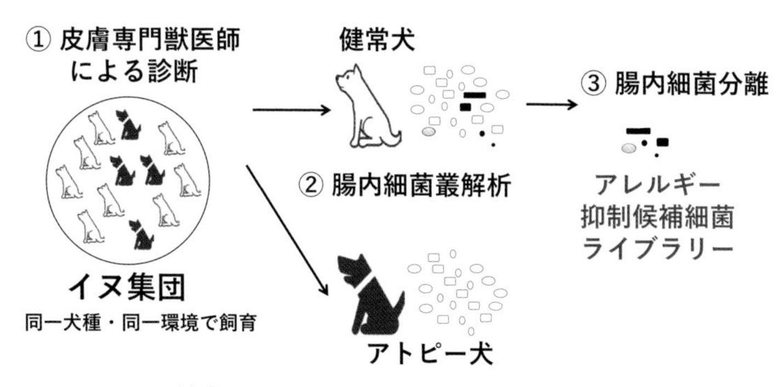

図 14–3　健常なイヌからアレルギー抑制候補細菌を分離する

図 14–4　候補細菌を評価していくプロセス

スモデルに投与して、抗アレルギー性を検討します。さらに、マウスで抗アレルギー性が確認できた細菌を用いて、実験犬によって安全性を確認した後、イヌでの臨床試験を実施します。このような手順で、アレルギー抑制細菌の探索を行ってきました。

アレルギー抑制細菌の候補を発見

ブリーダーに飼育されている 2 群のイヌを対象として、皮膚科専門獣医師の診断に基づいて、アトピー性皮膚炎の診断を行いました。本研究では、アトピー症状歴のないイヌを、健常犬として扱いました。この健常犬たちとアトピー犬たちについて、糞便の細菌叢のメタゲノム解析を行いました。

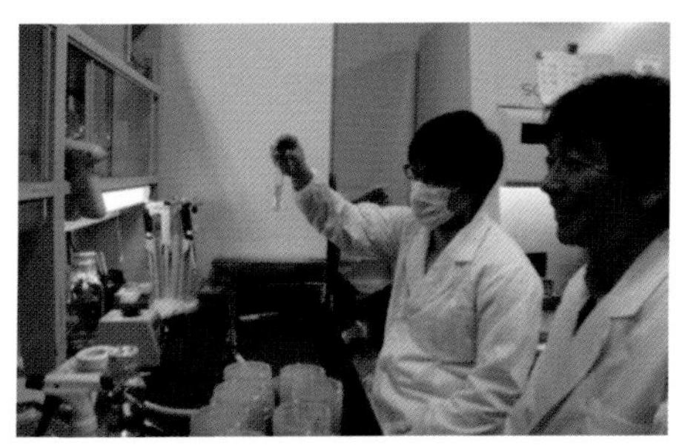

写真 14–1　研究風景①　腸内細菌を培養して性質を調べる

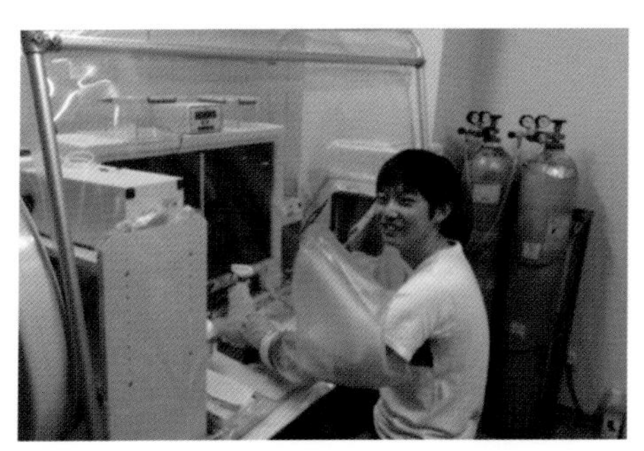

写真 14–2　研究風景②　嫌気性菌の分離は酸素のないチャンバーで

なお、メタゲノム解析では、従来のように、単一菌種の分離・培養を経てからゲノムDNAを調製して解析するのではありません。次世代シーケンサーを用いて、微生物の分離・培養を経ずに、集団に含まれるさまざまなゲノムDNAを丸ごと調製して、大規模に解析を行います。多数の検体を一度に処理でき、従来の方法では培養が難しかった微生物のゲノム情報も、入手できるようになりました。腸内細菌叢の解析研究が、飛躍的に進歩したのです。

さて、健常犬たちには、たくさんの細菌が見つかり、多くの菌を分離しました。この中の異なる２種の菌（ＡとＢ）について、ダニを抗原するアトピー性皮膚炎と喘息に対する抗アレルギー性を、２種類のモデルマウスを用いて評価しました。詳しい結果は論文などで報告予定ですが、最終的にこのＡ菌とＢ菌は、アレルギーに対する抑制効果を持つことが明らかとなりました。

アレルギー抑制細菌をAZABU株へと実用化を

私たちの研究グループの目的は「イヌを乳児期に飼育すると学童期のアレルギー発症が低くなる。このメカニズムとして、イヌ由来のアレルギー抑制細菌が乳幼児に影響を与えるという」という仮説を立て、これを検証することでした。そのために、イヌの腸内細菌叢から、アレルギー抑制細菌を探索してきました。これまでに、アトピー性皮膚炎歴のない健常犬群の糞便から、腸内細菌分離を行って、多くの菌株が分離されています。

現在のところ、上で紹介したように、この中の２種の菌種（ＡとＢ）で、ア

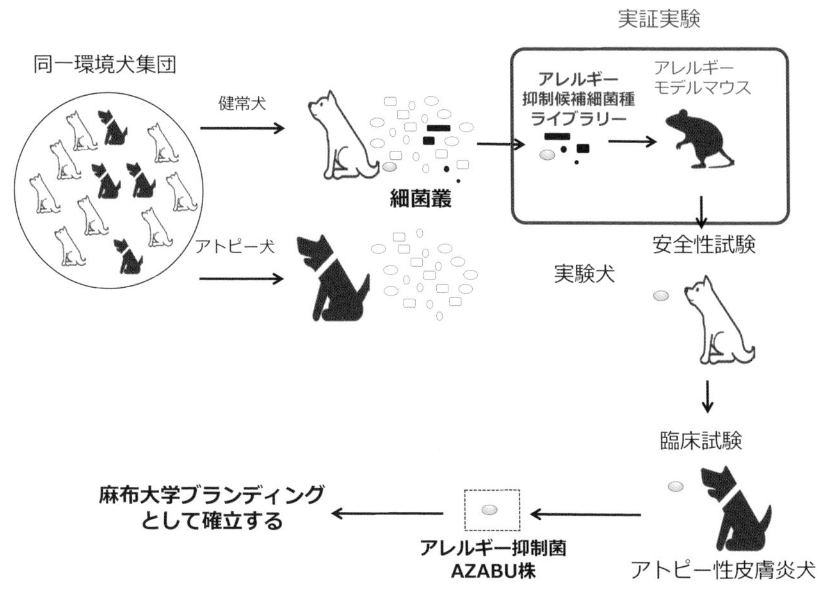

図 14–5　アレルギー抑制細菌を AZABU 株として実用化を目指す

トピー性皮膚炎および喘息のモデルマウスを用いて、抗アレルギー性を検討しました。2種の菌とも、抗アレルギー性が認められたのですが、特にA菌は、これまでに抗アレルギー性が報告さていない菌です。つまり、本研究が初めての報告となります。

このA 菌は、イヌ由来のアレルギー抑制細菌の可能性があると、私たちは考えています。今後、この仮説の実証のために、抗アレルギーを生み出す実際のメカニズムの解明や、イヌにおける抗アレルギー作用を、検討していく予定です。この研究によって、アレルギー抑制細菌を「Azabu株」として、産学共同研究によって実用化へと発展させて、麻布大学の新しいブランドとして確立していくことまでを目指しています。

ペット飼育によるアレルギー予防：1999年、Hesselmarらは、ペットを乳児期に飼育すると、学童期の気管支喘息罹患率が低いことを初めて報告した。その後、乳幼児期におけるペットの飼育がアレルギーの発症に抑制的に働くとする研究が、欧米の有力な研究グループから相次いで報告された。そのメカニズムとして、ペット由来のアレルギー抑制細菌または細菌由来の物質などが、乳幼児に影響を与えるとことが可能性として考えられている。

でる…
キミのウンチは宝の山だよ！
麻

15 ペット飼育下の室内カビ叢(そう)がヒト免疫系に及ぼす影響に関する基礎的研究

ペットと暮らすことでアレルギーになりにくくなる？
ペットを飼う・飼わないで室内のカビ叢は変わる？

研究プロジェクト代表者：小西 良子
(生命・環境科学部 食品生命科学科 食品安全科学研究室 教授)

ペットと暮らすことがヒトの健康に役立っている？

私たちは、動物との共生に関して、ヒトの健康に微生物が関わっているのではないかと考え、その同定と機能の解明をめざしています。動物がヒトの健康に影響を与えていることは、さまざまな研究や調査から示されています。例えば、イヌと生活をすることで、自閉症の症状が改善された、消化器疾患、免疫疾患の症状が改善された、といった報告があります。しかし、それぞれの場合において、そのメカニズムは多様であり、明らかになっていない部分も多いです。そのひとつとして、微生物を介したメカニズムが注目されています。

私たちの研究プロジェクトでは、特に、ヒトの喘息などのアレルギーに、動物との暮らしがどのように影響するかを調べています。ペットとともに暮らすことで変化する、室内の微生物叢（細菌やカビの集合）の違いから探っています。

動物がヒトに与える良い影響として「幼少期に犬を飼っている家庭で過ごした子どもはアレルギーの発症が少ない」という報告があります。また「牧畜農家など動物のいる家庭で育った子どもにはアレルギー疾患が少ない」とも言われています。すべてのアレルギーについてではありませんが、イヌなどの動物との接触はアレルギーの発症に大きな影響を及ぼしていると考えられているのです。それでは、なぜ動物との接触が、アレルギーの発症を抑えるのでしょうか。どのようにして、動物がヒトのアレルギー抵抗性に、影響を及ぼしているのでしょうか。

イヌと暮らすとアレルギーになりにくくなる？

これを解くためのヒントとして「衛生仮説」と呼ばれる考え方があります。1900年代の後半に、イギリスの研究者が提唱したものです。この研究者は「年上の兄弟がいる子どもは花粉症の割合が少ない」ことを見いだしました。そして、これが彼らのすごいところだと私たちは思うのですが、彼らは「幼少期に年上の兄弟と遊ぶことで、身の回りの細菌やウイルスなどとの接触が増え、その結果、アレルギーになりにくくなっている」と推察したのです。逆に言えば、細菌やウイルスにあまり触れない衛生的な環境は、アレルギーの発症リスクを上げるかもしれないということです。これは近年、先進国を中心にアレルギー患者の数が増えていることとも一致します（これだけですべてが説明できるわけではありませんが、原因のひとつと考えられています）。

動物と生活することも、同じように細菌やウイルスとの接触を増やすことで、アレルギーになりにくくしているのかもしれません。つまり、動物との共生が、細菌などの微生物を介して、人に影響を及ぼしているということです。まだまだ解明途中のため、そのメカニズムは、まだはっきりしていません。でも、イヌなどの動物がもたらす細菌と、その細菌由来のエンドトキシンという物質の量が関わっている、という報告もあります。最近の研究では、マウスを使った実験によって、イヌを飼っている家庭のホコリの中のある特徴的な細菌が、ヒトの腸内の細菌叢（さいきんそう）に影響を及ぼしていて、そのことで免疫に違いが生じている可能性を示したものもあります。とにかく、イヌそのものから発せられる物質ではなく、イヌが運んできた細菌、もしくはイヌがいることで変化する周囲の環境に存在する細菌が、ヒトに影響を及ぼしていると考えられています。

身の回りにふつうにいるさまざまな微生物

さて、最近は、腸内細菌がヒトの健康に大きな影響を及ぼしていると注目を集めていることもあり、多くの研究者が細菌に注目しています。しかし、私たちの周りには、もっと別の微生物がいるのが思い浮かぶでしょう。窓のサッシやふろ場などで目にする、じめじめしたところが好きな、湿気の多い日本ではおなじみの「あいつら」です。微生物というと目に見えないイメージかもしれませんが、あいつらは目に見えます—そう「カビ」です。彼らのことを無視するわけにはいきません。

私たちは、ふだん、食品を汚染するカビとその代謝物（カビ毒）について食品の安全性に関する研究をしています。カビがつくる化学物質には発がん性のあるものがあって、ヒトの健康に影響があるって知っていましたか。おもにアスペルギルス・フラバスというカビが作るアフラトキシンというカビ毒は、天然物の中で最強の発がん物質なのです。トウモロコシなどの穀物が汚染されることがあります。でも、安心してください。日々しっかり検査が行われていて、みなさんが食べている食品には、問題になる量のアフラトキシンは含まれていません。

さて、ふだんは食品に関わるカビについて研究を行っていますが、外部の研究機関と共同で、家など環境中のカビについても研究を行っています。カビは屋外の土などにたくさん存在していて、トウモロコシなどの穀物にも土などにいるカビが付着します。そして空気中にも舞っていますので、室内にもたくさん入ってきて、みなさんが生活している身の回りにふつうにいます。でも、身の回りにカビがいて、いつも接していますが、みなさんはカビによって病気になるわけでもなく、健康に生活をしています。もちろん、長期間、大量に吸い込むとカビはアレルギーの原因になることもあります。実際に、カビが大量に異常繁殖してしまった家に住んでいた方で、カビのアレルギーに悩まされている方もいます。

住まいによってカビ叢もいろいろ

私たちの研究の中で、さまざまな方の家のカビ叢を調べていくうちに、住むヒトの住まい方（家族構成や掃除の方法、換気の頻度など）によってカビ叢はさまざまに変化していることが分かってきました。また、室内のカビ叢は、室外のカビ叢とは異なっています。土や植物に存在している外のカビが室内に流れ込んでくるだけではなくて、室内では独自のカビ叢が形成されていて、人の生活によってそのカビ叢が多様に変化していることがわかってきました。イヌを飼うことは室内のカビ叢に大きな影響を及ぼしていると考えられますので、イヌを飼うことで特有のカビ叢が形成されていることが十分に予想されます。そして、そのような特有のカビ叢が居住者のアレルギー抵抗性に関与しているのではないか、と私たちは考えています。

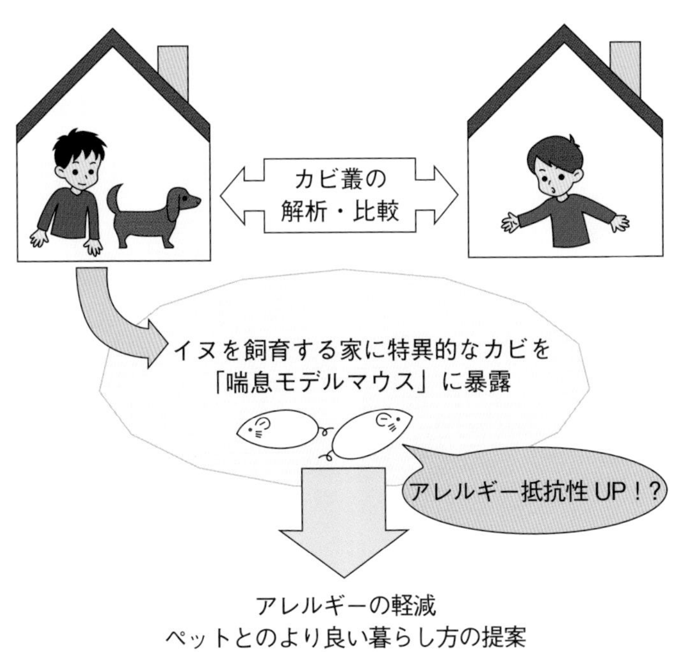

図 15–1　研究の概要

そこで私たちは、まず、ペット、今回は特にイヌを飼っている家庭と飼っていない家庭の室内のカビ叢がどのように異なるかを明らかにすることを目的に研究を進めました。そして違いがある場合には、その違いが暮らしているヒトのアレルギーに影響するかを、マウス実験によって明らかにしようとしています。アレルギーの軽減や、ペットとのより良い暮らし方の提案につながると考えています。

室内外のカビのサンプリング調査

私たちは、東京近郊（東京、埼玉、神奈川、千葉）のご家庭に協力をいただき、室内外のカビの採取をおこないました。サンプリングは、特にペットと家族がともに生活している場所としてリビングルーム、そして一番長い時間を過ごす場所として寝室の２か所を選びました。みなさんは、寝室ではそんなに長い時間を過ごしていないよ、と思われるかもしれませんが、思い浮かべてみてください。寝ている時間は一日の中で、家にいる時間の中で大きな割合を示しています。寝ている間みなさんは呼吸をしていて、室内の空気を吸い込んで

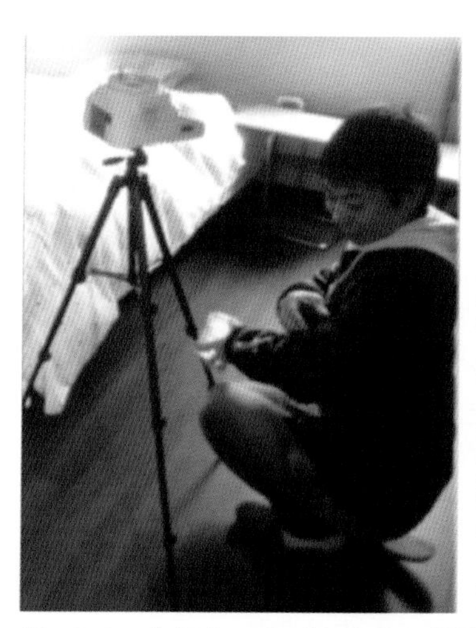
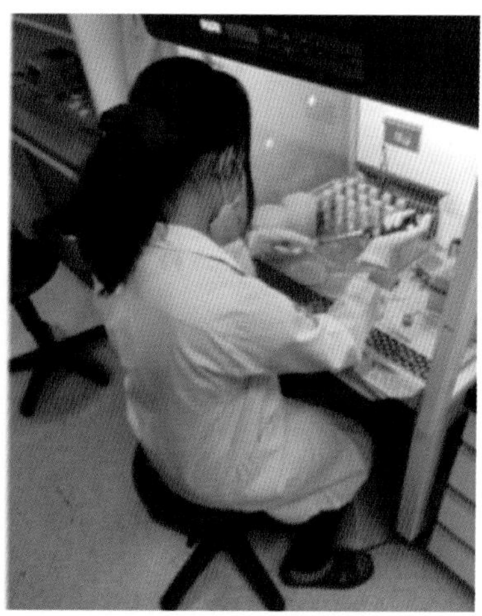

図 15–2　空気中のカビを専用の機械（エアーサンプラー）で採取している様子（左）．ホコリのサンプル中のカビを培養する様子（右）．

いるのです。みなさんは寝室の空気に非常に長い時間触れているのです。ですので、リビングルームと寝室について、空気中に漂っているカビと床に存在するカビを調べました。空気中のカビは専用の機械（エアーサンプラー）を用いて採取します。その様子が図 15-2 の左側の写真です。機械にはカビを培養するための平板培地と呼ばれるものをセットし、室内の空気を 100 L吸い込んで、その平板培地にぶつけることでカビを採取します。これを研究室に持ち帰って 1 週間ほど培養すると、カビが発育して、どんなカビがどのくらい存在するかを調べることができます。床のカビは、掃除機を使用してホコリを採取してその中に存在するカビを調べました。採取したホコリを研究室で専用の溶液に懸濁して平板培地で育てます。1 週間培養すると図 15-3 のようになり

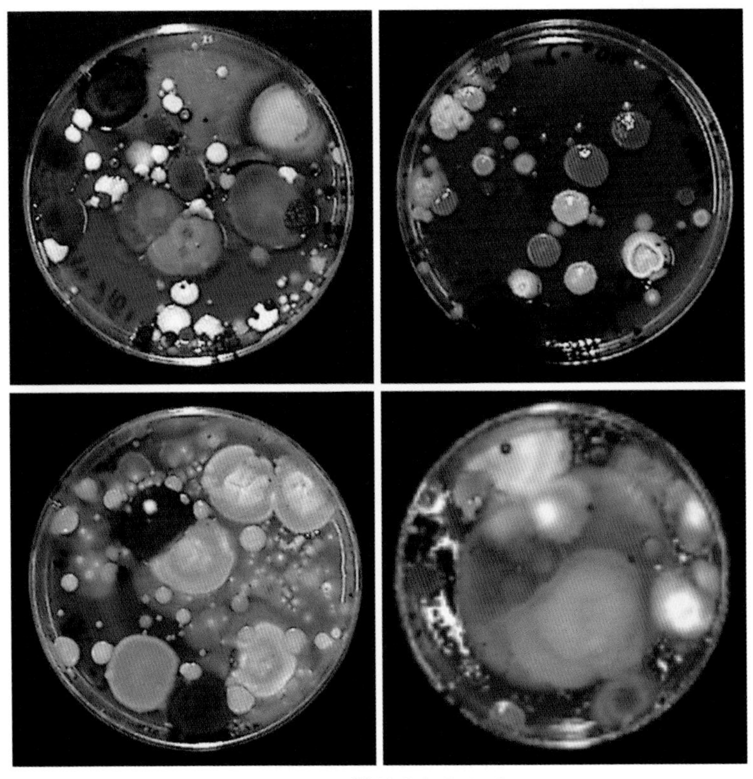

図 15–3　培養されたカビ

ます。色も形もさまざまなカビが検出されていて、サンプル（家庭）によって種類も数もさまざまであることが分かります。

ところで、カビがこんなに色とりどりで形もさまざまだって、知っていましたか。きれいだと思いませんか（思わない人が多いかもしれませんが）。魅了されてアートとしてカビに向き合っているヒトも世界にはいます。それはさておき、このように培養されたカビの総数を数え、どのくらいの数のカビがサンプルに存在しているかを調べます。さらに、発育したカビから代表的なものを分離して顕微鏡で観察したり、遺伝子を分析したりしてどのような種類のカビがいるかを詳しく調べます。とても根気のいる作業です。

イヌを飼っている家庭の方がたくさんカビがいる

まず部屋の中のカビの総数について比べると、イヌを飼っている家庭では、飼っていない家庭に比べてカビの量が多い傾向が見られました（図 15-4）。この傾向はリビングルームでも寝室でも同様でした。イヌを飼っていることで

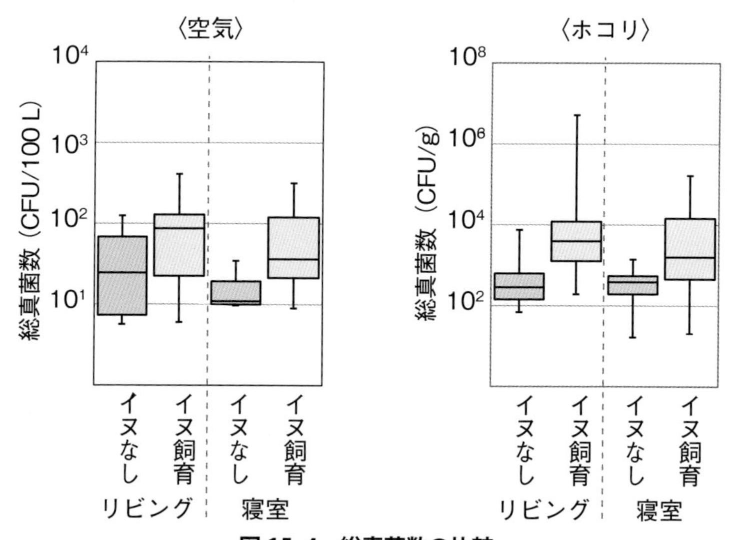

図 15-4　総真菌数の比較
空気中に浮遊しているカビ数（左）とホコリ中のカビ数（右）

室内のカビの量が増えている可能性があります。ただ、多いといっても、カビのアレルギーを発症してしまった方の家の総カビ数に比べると多くはなく、一般家庭の総カビ数の多様性の中に含まれる程度です。この結果は、衛生仮説と一致します。衛生仮説で言われているように、イヌを飼うことで室内のカビ量が増えて、カビに触れる機会が増えることでアレルギー抵抗性が増している可能性が考えられます。

次に、カビ叢、つまりどんな種類のカビがいるかを調べた結果を見てみましょう。室内環境中のカビ叢をアスペルギルス属、ペニシリウム属、クラドスポリウム属、酵母、その他の５つのグループに大きく分けてしらべました。色分けして、どのグループのカビが多いか割合を示したのが図 15–5 のグラフです。イヌを飼育している家庭の空気中でアスペルギルスという種類のカ

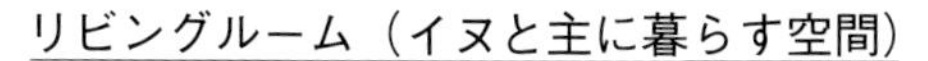

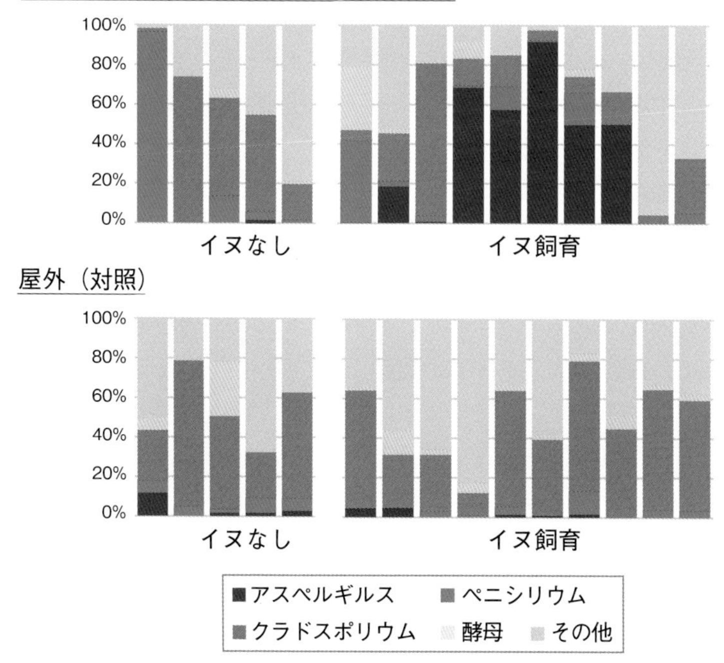

図 15–5　空気中のカビ叢の比較

ビ（赤いバー）の割合が高い家が多い傾向が見られました。図には一例としてリビングルームの空気中の結果を示していますが、寝室の空気においても同様の傾向が見られました。このような傾向が、それぞれの家が建っている地域の違いによる差でないことを確認するために、それぞれの家で屋外のカビの種類についても調べています（図 15-5 下）。屋外ではイヌを飼育している家庭も、飼育していない家庭もクラドスポリウムというカビ（灰色のバー）がメインになっていて、イヌを飼っているかどうかによる差は見られませんでした。

つまり、イヌを飼育している家庭でアスペルギルスが多い傾向は、家の地域差などの影響ではなく、イヌを飼っていることによる影響である可能性が高いということです。カビの量だけではなく、アスペルギルスというカビが、アレルギー抵抗性に影響を及ぼしているのかもしれません。

マウス実験による効果の検証へ…

このように、私たちのカビ叢の調査から、イヌと暮らすことによって「①室内のカビの量が増える」「②アスペルギルスの割合が増える」という 2 つの傾向が見えてきました。そこで、次に私たちは、これらのイヌを飼うことで変化するカビ叢が、ヒトの健康（アレルギー抵抗性）に影響を与えるかどうかを、マウスを用いた実験によって調べようとしています。まずは、アレルギー疾患のモデルマウスをつくろうとしています。最終的に、アレルギー疾患のモデルマウスにアスペルギルスを吸わせた場合に、アレルギー抵抗性にどのような影響があるかを見ることで、イヌの飼育によって変化するカビ叢が健康に影響するかどうかを調べることができます。もし、アレルギー疾患に対して免疫増強効果が見られれば、さらにその原因成分を明らかにすることで、ヒトのアレルギーの予防に役立つ実用的な提案ができるでしょう。私たちの研究が、ペットとのより良い暮らし方の提案につながることを、期待して日々取り組んでいます。

キーワード

カビ叢（そう）：ある特定の環境で生きているカビや酵母の集まりのこと。ヒトや動物の健康に大きく関わると考えられます。

プロジェクト参加メンバー一覧

事業名
動物共生科学の創生による、ヒト健康社会の実現〈地球共生系「One Health」〉

研究統括者：菊水 健史（獣医学部 動物応用科学科 介在動物学研究室 教授）
研究副統括者：阪口 雅弘（獣医学部 獣医学科 微生物学第一研究室 教授）
広報統括者・本書編集担当：福井 智紀（生命・環境科学部 教職課程研究室 准教授）

①ヒトと動物における認知的インタラクション解析

（第１章）
ヒトとイヌの認知的インタラクションの行動遺伝学的解明と、インタラクションがもたらす共生QOLの評価
研究代表者：菊水 健史（獣医学部 動物応用科学科 介在動物学研究室 教授）
研究分担者：藤井 洋子（獣医学部 獣医学科 小動物外科学研究室 教授）
青木 卓摩（獣医学部 獣医学科 小動物外科学研究室 准教授）
齋藤 弥代子（獣医学部 獣医学科 小動物外科学研究室 准教授）
戸張 靖子（獣医学部 動物応用科学科 動物資源育種学研究室 講師）
永澤 美保（獣医学部 動物応用科学科 介在動物学研究室 講師）
久世 明香（獣医学部 動物応用科学科 伴侶動物学研究室 講師）
福井 智紀（生命・環境科学部 教職課程研究室 准教授）

（第２章）
野生動物（シカ）の資源化・有効活用による共生システム構築のための微生物研究
研究代表者：南　正人（獣医学部 動物応用科学科 野生動物学研究室 准教授）
研究分担者：平　健介（獣医学部 獣医学科 寄生虫学研究室 准教授）
水野谷 航（獣医学部 動物応用科学科 食品科学研究室 准教授）
川原井 晋平（附属動物病院 小動物臨床研究室 講師）
竹田 志郎（獣医学部 動物応用科学科 食品科学研究室 講師）
永澤 美保（獣医学部 動物応用科学科 介在動物学研究室 講師）

（第３章）

ペットフレンドリーなコミュニティの条件 ― アメリカ・相模原におけるコミュニティ疫学調査の実施と「ミニ・パブリック」を対象とした「討論型世論調査」（Deliberative Poll DP）の実施」

研究代表者：大倉 健宏（生命・環境科学部 環境科学科 地域社会学研究室 教授）
研究分担者：加藤 行男（獣医学部 獣医学科 公衆衛生第二研究室 准教授）

（第４章）

動物共生科学の科学的コミュニケーション構築とその発信に関する研究

研究代表者：福井 智紀（生命・環境科学部 教職課程研究室 准教授）
研究分担者：大木　 茂（獣医学部 動物応用科学科 動物資源経済学研究室 教授）

②ヒトと動物との共進化遺伝子の同定

（第５章）

ヒト ― 動物の共生による発がん性感受性の変化の解析：より健康な環境づくりに向けて

研究代表者：関本 征史（生命・環境科学部 環境科学科 環境衛生学研究室 准教授）
研究分担者：石原 淳子（生命・環境科学部 食品生命科学科 公衆栄養学研究室 教授）
遠藤　 治（生命・環境科学部 環境科学科 環境衛生学研究室 教授）
髙木 敬彦（獣医学部 獣医学科 公衆衛生学第一研究室 教授）
良永 裕子（生命・環境科学部 食品生命科学科 食品分析化学研究室 教授）
杉田 和俊（獣医学部 獣医学科 公衆衛生学第一研究室 講師）
山本 純平（生命・環境科学部 食品生命科学科 公衆栄養学研究室 助教）

（第６章）

Chemical geneticsによるウイルス感染症の病態原因遺伝子の同定

研究代表者：紙透 伸治（獣医学部 基礎教育研究室・化学 准教授）
研究分担者：村上 裕信（獣医学部 獣医学科 衛生学第二研究室 講師）
藤野　 寛（獣医学部 獣医学科 微生物学第二研究室 助教）

（第７章）

比較病理学に基づくヒトのAAアミロイド症の原因遺伝子の同定

研究代表者：上家 潤一（獣医学部 獣医学科 病理学研究室 准教授）
研究分担者：坂上 元栄（獣医学部 獣医学科 解剖学第二研究室 教授）

相原 尚之（獣医学部 獣医学科 病理学研究室 助教）

（第８章）

生殖サイクルをつかさどるヒト動物共進化メカニズムの解明

研究代表者：前澤　創（獣医学部 動物応用科学科 比較毒性学研究室 講師）

研究分担者：伊藤 潤哉（獣医学部 動物応用科学科 動物繁殖学研究室 准教授）

研究協力者：行川　賢（シンシナティ小児病院医療センター 准教授）

正井 久雄（東京都医学総合研究所 所長）

（第９章）

ヒトとイヌの癌幹細胞に発現する共通遺伝子の解析

研究代表者：佐原 弘益（獣医学部 基礎教育研究室・生物学 教授）

研究分担者：圓尾 拓也（獣医学部 獣医学科 獣医放射線学研究室 講師）

（第10章）

イヌ腫瘍リポジトリの構築と遺伝子シグネチャー解析による転移・浸潤ドライバー遺伝子の探索

研究代表者：山下　匡（獣医学部 獣医学科 生化学研究室 教授）

研究分担者：荻原 喜久美（生命・環境科学部 臨床検査技術学科 病理学研究室 准教授）

永根 大幹（獣医学部 獣医学科 生化学研究室 講師）

金井 詠一（獣医学部 獣医学科 小動物外科学研究室 助教）

（第11章）

エネルギー浪費タンパク質Ucp1の遺伝子を軸とした動物の生産性向上と保健

研究代表者：村上　賢（獣医学部 獣医学科 分子生物学研究室 教授）

研究分担者：恩田　賢（獣医学部 獣医学科 産業動物内科学研究室 教授）

白井 明志（獣医学部 獣医学科 薬理学研究室 教授）

佐藤 礼一郎（獣医学部 獣医学科 産業動物内科学研究室 准教授）

久末 正晴（獣医学部 獣医学科 小動物内科学研究室 准教授）

研究協力者：舟場 正幸（京都大学大学院 農学研究科 准教授）

（第12章）

動物系統進化を考慮した各種疾患の比較解析に基づく病理発生の解明 ― 病の起源を探る ―

研究代表者：村山　洋（生命・環境科学部 臨床検査技術学科 生化学研究室 准教授）

研究分担者：宮武 昌一郎（生命・環境科学部 臨床検査技術学科 免疫学研究室 教授）
研究協力者：宇根 有美（岡山理科大学 獣医学部 教授）
亀谷 富由樹（東京都医学総合研究所 認知症プロジェクト 主席研究員）
永井　慎（岐阜医療科学大学 准教授）

③ヒトと動物との微生物クロストーク

（第13章）
細菌叢クロストークに着目したイヌとの共生によるヒト健康促進機序の解明
研究代表者：茂木 一孝（獣医学部 動物応用科学科 伴侶動物学研究室 准教授）
研究分担者：石原 淳子（生命・環境科学部 食品生命科学科 公衆栄養学研究室 教授）
守口　徹（生命・環境科学部 食品生命科学科 食品栄養学研究室 教授）
廣田 祐士（獣医学部 基礎教育・数学研究室 講師）
久世 明香（獣医学部 動物応用科学科 伴侶動物学研究室 講師）
内山 淳平（獣医学部 獣医学科 微生物学第一研究室 講師）
竹田 志郎（獣医学部 動物応用科学科 食品科学研究室 講師）
永澤 美保（獣医学部 動物応用科学科 介在動物学研究室 講師）
山本 純平（生命・環境科学部 食品生命科学科 公衆栄養学研究室 助教）
小手森 綾香（生命・環境科学部 特任助教）

（第14章）
イヌの細菌叢からのアレルギー抑制細菌の探索
研究代表者：阪口 雅弘（獣医学部 獣医学科 微生物学第一研究室 教授）
研究分担者：宮武 昌一郎（生命・環境科学部 臨床検査技術学科 免疫学研究室 教授）
久末 正晴（獣医学部 獣医学科 小動物内科学研究室 准教授）
五十嵐 寛高（獣医学部 獣医学科 小動物内科学研究室 講師）
内山 淳平（獣医学部 獣医学科 微生物学第一研究室 講師）
根尾 櫻子（獣医学部 獣医学科 臨床診断学研究室 講師）
福山 朋季（獣医学部 獣医学科 薬理学研究室 講師）
村上 裕信（獣医学部 獣医学科 衛生学第二研究室 講師）
研究協力者：大隅 尊史（東京農工大学附属動物医療センター 皮膚科）

（第15章）
ペット飼育下の室内カビ叢がヒト免疫系に及ぼす影響に関する基礎的研究
研究代表者：小西 良子（生命・環境科学部 食品生命科学科 食品安全科学研究室 教授）

研究分担者：栗林 尚志（生命・環境科学部 臨床検査技術学科 免疫学研究室 教授）
島津 徳人（生命・環境科学部 食品生命科学科 食品生理学研究室 准教授）
小林 直樹（生命・環境科学部 食品生命科学科 食品安全科学研究室 講師）
研究協力者：渡辺麻衣子（国立医薬品食品衛生研究所）
櫻井 雅浩（宮城県立塩釜保健所長）

※第3章、第4章、第9章～第12章、第15章の各研究プロジェクトへの助成は、2016年度から開始され、2018年度でいったん終了しました。ただし、成果を踏まえた研究は、今後も続けてまいります。また、第1章、第2章、第5章～第7章、第13章、第14章の各研究プロジェクトへの助成は、2016年度から開始され、2019年度も継続中です。第8章の研究プロジェクトへの助成は、2019年度から開始されました。2020年度以降については、本書制作時点では未定ですが、あらたに発足する「ヒトと動物の共生科学センター」を中心に、「動物共生科学」に関わる学内横断的な研究は、今後も続けてまいります。

※所属・職階等は、本書制作（2019年度末）時点のものです。

国際シンポジウム開催報告

2019年7月29日（月）、麻布大学において、私立大学研究ブランディング事業の取組の一環として「動物共生科学の創生による、ヒト健康社会の実現に関する国際シンポジウム」が開催されました。

多くの方にご来場いただき、大盛況のなか、無事に終了することができました。また、さまざまなメディアからの取材を受け、新聞やウェブニュースに掲載されました。

日時　2019年7月29日（月）午前の部　10：00～11：45　※日本語
午後の部　13：30～16：50　※英語
会場　麻布大学　8号館7階　百周年記念ホール

以下では、鉄道チャンネル（https://tetsudo-ch.com/）に2019年9月24日付で掲載されたレポート記事を、許可を得て転載します。

「動物との共生がもたらすヒトの心身の健康」を探求する国際シンポジウムに500人を超える聴講者が参加（麻布大学で7月29日に実施）

動物との共生によってヒト（人類）の健康が得られるのか。

あらためて人間をとらえ直し、細菌叢、共生、免疫という切り口で、動物と人間の関係性をみつめなおす ―― 。

獣医・動物・健康・食品・環境の領域を研究する麻布大学は、2019年7月29日に同大学初の国際シンポジウムを開催。

文部科学省私立大学研究ブランディング事業「動物共生科学の創生による、ヒト健康社会の実現」をテーマに、午前は麻布大学の教授陣による研究レポート、午後は海外からの招待講演（英語セッション）などが行われ、500人を超える学生・一般市民らが聴講した。

午前の部は、同大獣医学部（微生物学第一研究室、ブランディング事業副統括者）阪口雅弘教授が司会を務め、麻布大学 獣医学部（野生動物学研究室）南正人准教授「野生動物の資源化・有効活用による共生システム構築のための微生物研究」、同 獣医学部（病理学研究室）上家潤一准教授「比較病理学から考えるAAアミロイド症研究」、同 生命・環境科学部（環境衛生学研究室）関本征史准教授「ペットフードから変異原が検出される？コンパニオンアニマルの発がんとの関わりを探る」、同 獣医学部（伴侶動物学研究室）茂木一孝准教授「犬との共生は細菌叢を介してヒトのメンタルヘルスを促進している？」の4講演を実施。

講演は、阪口雅弘教授の司会によって進行。各講演後には、発表者に熱心に質問する聴講者の姿があった。

南准教授らによる研究チームは、長野県小諸市の野生動物捕獲・有効利用プロジェクトに参画し、麻布大学 微生物研究チームの知見も活かした新たな野生鳥獣管理システムの支援を紹介した。

上家潤一准教授らは、動物と人間の病気の違いを探る比較病理学の視点から、ナイロン似の線維状の異常蛋白質が全身のさまざまな臓器に沈着し機能障害をおこすアミロイド症についての研究成果を紹介。

また関本征史准教授らは、「イヌは発がん物質に対する感受性がヒトと類似しているのでは」という仮説をたて、「ペットフードに含まれる変異原性物質の定量」「動物種間での発がん感受性の検討」「異物代謝酵素の遺伝子多型とがん発症の相関解析」などを研究していることを伝えた。

さらに茂木一孝准教授らは、思春期児童の心の発達とイヌ飼育との関係を調査。人間の糖尿病や肥満、社会的行動にまで影響するといわれる細菌叢（細菌の集合）に着目し、「イヌの飼育経験が児童のメンタルヘルスに関連することを見いだしつつある」と報告した。

「動物との共生がもたらすヒトの心身の健康」を探求

また午後の部は、国内の先端科学者や海外の著名な研究者を招いての招待講演を英語セッションで実施。

午後の講演では、同大獣医学部（介在動物学研究室、ブランディング事業統括者）菊水健史教授が司会を務め、東京都医学総合研究所 心の健康プロジェクト 西田淳志プロジェクトリーダー、カナダ マックマスター大学 Paul Forsythe 氏、アメリカ テキサス大学 医学部 Shelly A. Buffington 氏、理化学研究所 生命医科学研究センター 粘膜システム研究チーム 大野博司リーダーの講演を案内した。

―― 麻布大学は今後、全２学部５学科の全学連携による「動物との共生がもたらすヒトの心身の健康」をテーマにした先進的な研究を推進し、その研究成果を社会に還元していくという。

麻布大学 浅利昌男学長

麻布大学 獣医学部 阪口雅弘教授
ブランディング事業副統括者

麻布大学 獣医学部 南正人准教授

麻布大学 獣医学部 上家潤一准教授

麻布大学 生命・環境科学部 関本征史准教授

麻布大学 獣医学部 茂木一孝准教授

麻布大学 獣医学部 菊水健史教授
ブランディング事業統括者

東京都医学総合研究所 西田淳志
プロジェクトリーダー

マックマスター大学 Paul Forsythe 氏

テキサス大学 医学部 Shelly A. Buffington 氏

理化学研究所 大野博司リーダー

※所属・職階等は、シンポジウム開催時点のものです。

おわりに

本書は、麻布大学が全学的に取り組んできた、**「動物共生科学の創生による、ヒト健康社会の実現〈地球共生系「One Health」〉」**について、これまでの研究内容や成果の一部を報告するために刊行したものです。

この事業は、文部科学省の助成事業のひとつである私立大学研究ブランディング事業に、厳しい審査を経て平成28年度（2016年度）に採択されたものです。

この事業では、ヒトと動物の共生を科学的に解明するために、さまざまな研究に総合的に取り組むことで、ヒトの健康社会に貢献するという目的をもって、新しい学問領域「動物共生科学」の創設を目指してきました。

ヒトは、その進化の過程で、長い歴史を、動物と共に歩んできました。初期には、獲物としての狩猟でした。そして、その後は野生動物を家畜とし、食料源として活用してきた歴史があります。また現代では、ペット（伴侶動物・コンパニオンアニマル）としても、ヒトは動物と親密なかかわりをもつようになりました。動物との生活は、ヒトにも、多大な恩恵を与えてきたのです。

しかし、現代社会をみると、20万年以上にわたるヒトと動物との共生のかたちが、ずいぶんと異なったものへと変化してきたことがわかります。そこで、いま一度、ヒトと動物の共生のありかたを根源からとらえ直し、新たな共生の道を見いだすことで、ヒトと動物がつちかってきた本来の豊かな生活が得られるのではないかと考えました。

私たちは、ヒトと動物の共生をとらえる視点として、次の3つに着目しました。すなわち「共生がなぜなり立つのか、という認知的な共生関係」「ヒトと動物が共生することによる遺伝的な推移」「共生による動物由来の微生物叢（びせいぶつそう）と、ヒトの健康との関係性」です。

このそれぞれの視点に対応して、私たちは、以下の3つの研究分野から、本事業に取り組むことにしました。

① ヒトと動物における認知インタラクション解析

ヒトとの共生を可能にする、動物のもつ優れた認知的インタラクション機能の解明を目指す。また、動物とのかかわり方や、動物福祉の観点などがもつ利益を明らかにする。

② 動物との共進化遺伝子の同定

イヌを代表とする動物と、ヒトとの共進化による疾患の遺伝子変異を明らかにする。特に、ヒトとの平行進化として報告された皮膚病や代謝疾患、癌にかかわる遺伝子の同定や機能解析、家畜化に関わる遺伝子の同定などを進める。

③ ヒトと動物の微生物クロストーク

動物との共生において、健康に役立つ微生物の同定と、その機能の解明を目指す。例えば、ヒトの免疫系や、中枢の発達に役立つ細菌叢を見いだす。

私たちはこのような視点から、動物との共生のメカニズムを、分子生物学などの多様な研究アプローチによって明らかにしていくことで、新たな「動物共生科学」という学問や思想をつくり出し、ヒト健康社会の達成を目指したいと考えてきました。

そこで、わたし私たちは、3 分野・計 15 の研究プロジェクトに分かれて、全学的にこの事業に取り組んできました。文部科学省からの助成は 2016 年度からでしたが、2019 年度が、助成の最終年度となりました。そこで今回、これまでの事業のひと区切りとして、本書を刊行して、私たちのこれまでの取り組みを紹介することにしました。

ほとんどの研究プロジェクトは、まだ道半ばです。しかし、ヒトと動物の共生をめさす「動物共生科学」をつくり出すため、私たちは、これからも手をたずさえて、研究にまい進していきます。麻布大学と、私たちの研究に、今後もぜひご期待ください。

麻布大学のご案内

麻布大学は1890年に、東京獣医講習所として東京都麻布区に創設されました。1950年に麻布獣医科大学として開学し、1980年に、麻布大学に改称しました。現在は、神奈川県相模原市にキャンパスを置き、2020年には130周年を迎える歴史ある大学です。

本学の建学の精神は『学理の討究と誠実なる実践』です。創設者である與倉東隆先生の建学の精神である、学理を討究し実践を重んじる誠実なる校風を受け継ぎ、人と動物との共存および、人と自然環境との調和の途を探求することを目的として、獣医学、動物応用科学および環境科学に関する専門の知識を教授研究し、その応用力の展開をはかるとともに、進んで学術の進歩と国民生活の向上に寄与し、平和社会の建設に貢献することとしています。

獣医学部には、獣医学科と動物応用科学科という2つの学科を、生命・環境科学部には、臨床検査技術学科、食品生命科学科、環境科学科という3つの学科を設置しています。さらに、大学院、附属動物病院、各種センター、いのちの博物館なども設置しています。また、麻布大学附属高等学校も、併設されています。

麻布大学は、このような多様な学部・学科における教育と研究を通して、「獣医」「動物」「健康」「食物」「環境」という5つの視点から「地球共生系：人と動物と環境の共生をめざして」を合言葉にして、“地球と共に生きる”未来を描いています。

○ アクセス　JR横浜線 矢部駅から徒歩 4 分

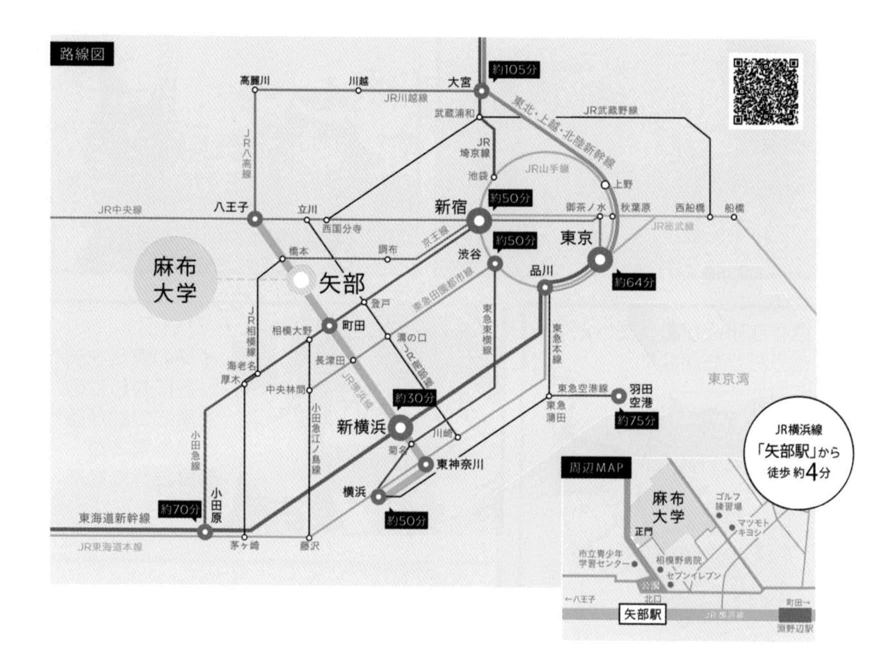

大学の最寄り駅はJR矢部駅です。新宿、渋谷、横浜駅などから、いずれも約 1 時間でアクセス可能な立地です。新幹線新横浜駅からは、約 30 分で到着できます。

○ ウェブサイト　https://www.azabu-u.ac.jp/

大学の公式ウェブサイトには、大学の詳細、入試情報、各研究室・所属教員の紹介などを含む、最新情報を掲載しています。ぜひ一度、ご覧ください。

けっこう　つかれた～

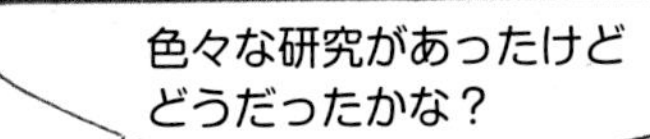
色々な研究があったけど
どうだったかな？

イヌの病気を調べて
ヒトに対しての
治療につながる
という考えが
新鮮だったなあ

大学全体のおよそ3割の研究者が
参加して それぞれの得意分野を
いかしてみんなで進めてきたんだ

えーっと・・・
じゃあこの
事業以外では
麻布大学って
どんな研究を
しているの？

それでは最後に
各学部・学科で行われている
研究をみていってね！！
麻布大学

※ここからの情報は本書作成時点のもので今後変更になる可能性があります。
また概要を簡略化してお伝えするため不正確な表現もあります。あらかじめご理解願います。

獣医学科

- 動物における再生医療の研究
- 実験動物への苦痛を軽減する研究

- 人獣共通感染症
（ヒト・動物に罹患する感染症）

- 家畜の繁殖障害

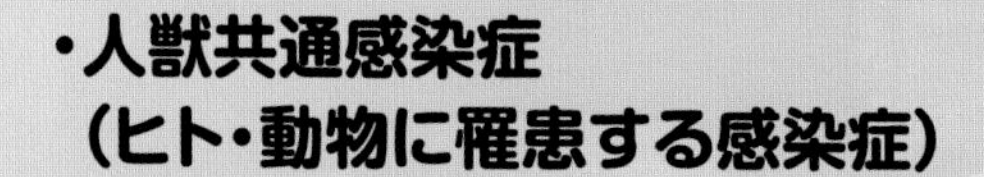

- 動物に対して負担の少ない診療・治療法の開発
- ウイルスによる感染症
- 新規ウイルス発見・治療法の開発

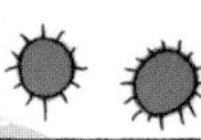

動物応用科学科

- 野生種から家畜化への遺伝子的なプロセス解明

- 野生動物の生態解明

- 動物園等の飼育動物の生活環境改善
- アニマルウェルフェア(広いスペースでの飼育)、抗生物質、化学肥料を使わない畜産の日本と海外での国際比較

こっちが
生命・環境科学部だよ
他の建物もあるけど

まず、臨床検査技術学科は
臨床検査技師を
養成する学科だけど
臨床検査技師って
どんな仕事かわかるかな?
ひどい答え・・・
白衣着て
病院ウロウロする人?
よくわかんない

ケンサ…
スル…ナニカ…
モゴモゴ
じゃわかるの?
キミも
同じじゃん

「臨床検査」という各種検査で患者さんの身体を
調べる人たちだね　その結果をもとに
お医者さんが治療するんだ
麻布大学の中ではいちばん
直接人体に関わる学科かも
しれないね

臨床検査技術学科

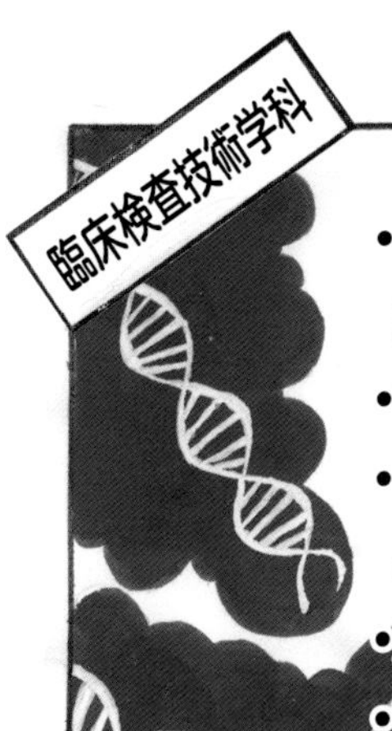

- 薬剤耐性（薬が効かなくなった）菌に関する研究
- 黄砂やPM2.5の健康に関する影響
- だ液（唾）を使った病気の症状が出る前の検査方法の確立
- 人間の生体防御（免疫）
- 認知症発症に関する遺伝子の研究

食品生命科学科

- アレルギー・生活習慣病の予防に効果的な食品の探索
- 長寿・健康と食習慣の科学的根拠づくり
- 食材の養殖方法・加工・保存方法がどう味に影響するか
- 脂肪酸の脳機能への効果
- 食品の成分が炎症の痛みを和らげるメカニズムの解明
- カビとカビが産生する毒素

- 土壌中の有害元素測定方法開発
- 河川水、下水処理等の微生物存在量の
  モニタリング検討
- 土壌・地下水汚染の解明
- 有害化学物質の毒性を抑制する物質の探求

- サケ・マス等に潜む
  寄生虫（アニサキス）の研究
- 相模原市青根の生物多様性把握

15:02
「環境」とつくぐらいだから
環境をあつかう機会が
多いんだね
環境科学科には社会調査や
地域環境政策に関わる社会系の
研究室もあるんだ

動物応用科学科かな
野生動物に興味あるから
でもどこも楽しそう
まようけど
食品生命科学科かな～
食べるの好き♥

麻布大学の研究の一部を紹介
したけど二人はどの学科に
興味を持ったかな？
麻

それじゃあ
バイバイ!!
この本をきっかけに
「動物共生科学」や
麻布大学に興味をもって
くれたらうれしいな
麻

もう帰ろうよ
…
やだー！
あざブー
つれてかえるー!!

麻布大学
検索
麻布大学
興味をもってくれた人はホームページもみてね!!
最後まで読んでくれてありがとう!!
麻

■編者紹介

麻布大学 ヒトと動物の共生科学センター

麻布大学は、1890年に東京獣医講習所として東京市麻布区に創設されました。2020年には130周年を迎える歴史ある大学です。ヒトと動物の共生科学センターは、文部科学省私立大学研究ブランディング事業『動物共生科学の創生による、ヒト健康社会の実現〈地域共生系「One Health」〉』の研究成果を踏まえて、2020年度から正式に発足します。本書ではひと足早く、本学のブランディング事業ならびにヒトと動物の共生科学センターに関わる者が協力して、これまでの研究内容や成果の一部を紹介しています。

マンガ・挿絵・表紙イラスト
稲葉 一豪（麻布大学 生命・環境科学部 卒業生）

動物共生科学への招待
— ヒトと動物と環境の未来をつくる —

2020年3月27日　初版第1刷発行

■編　　者――麻布大学 ヒトと動物の共生科学センター
■発 行 者――佐藤　守
■発 行 所――株式会社大学教育出版
〒700-0953　岡山市南区西市855-4
電話(086)244-1268㈹　FAX(086)246-0294
■印刷製本――モリモト印刷㈱
■D T P――林　雅子

ISBN978-4-86692-075-7